小家盛宴

三石美食/著

浙江出版联合集团
浙江科学技术出版社

图书在版编目(CIP)数据

三石美食·小家盛宴 / 三石美食著. —杭州：浙江科学技术出版社，2014.3
ISBN 978-7-5341-5926-8

Ⅰ. ①三… Ⅱ. ①三… Ⅲ. ①家宴—菜谱—中国 Ⅳ. ①TS972.182

中国版本图书馆CIP数据核字(2014)第017063号

书　　名	三石美食·小家盛宴
著　　者	三石美食

出版发行　**浙江科学技术出版社**
杭州市体育场路347号　邮政编码：310006
联系电话：0571-85058048
浙江出版联合集团网址：http://www.zjcb.com

图文制作	杭州兴邦电子印务有限公司
印　　刷	杭州丰源印刷有限公司
经　　销	全国各地新华书店
开　　本	787×1092　1/16　　印　张　11.5
字　　数	160 000
版　　次	2014年3月第1版　2014年3月第1次印刷
书　　号	ISBN 978-7-5341-5926-8　　定　价　42.00元

版权所有　翻印必究
(图书出现倒装、缺页等印装质量问题，本社负责调换)

责任编辑	宋　东　李骁睿　王巧玲	**责任美编**	金　晖
责任校对	王　群	**责任印务**	徐忠雷
特约编辑	李俊民		

三石美食

自 序

忙活了近半年,这本《小家盛宴》终于完稿了,此刻的心情,就像看着自己做的一锅红烧肉在慢慢收汁儿,有一点兴奋,有一点得意,还有一点惶恐。经过千煮万炖的一道"大菜"即将在餐桌上"发布",虽然自我感觉不错,但还不知道会有多少客人"收藏",有多少客人点"赞"呢。

说是"盛宴",但三石的餐桌上一无象箸玉杯,二无水陆八珍,有的多是应季果蔬和家常小菜。三石乐见的,是天然与健康理念的"盛行";三石捧出的,是全家老小的一片"盛情"。宴未必是盛宴,但家绝对是小家。墨爸、墨妈、墨姥、墨宝,四人一台戏,共同演绎并见证了结集出书这件家庭"盛事"。

准备书稿的这几个月,正是儿子墨宝从"普通调皮鬼"成长为"超级淘气包"的时候,好在,有墨姥挺身而出,承担了照顾和看管孩子的重任,从而使我能够专注于自己的美食天地。在这段跨越了夏、秋、冬三季的时间里,手巧的姥姥还忙里偷闲,为外孙缝制了各种厚度的小衣服、小被子、小枕头,这些手工活儿如果都摞起来,足以赶上墨宝的身高了。当我还在为这本处女作"笔耕不辍"的时候,她老人家早就"著作等身"了,真是令人汗颜啊。

每个美食博主的背后,都有一个刁嘴吃货儿,我家的这个人自然就是墨爸。当一道道家宴菜出锅的时候,墨爸通常都是第一个品鉴者,并总能给出最准确的评价和最中肯的建议。除此之外,墨爸还经常自告奋勇,充当我的厨房小工、摄影助理兼文字润色师。每当我一筹莫展,不知文章如何下笔的时候,他的提醒和指点总能让我重新找回灵感,而他的杀手锏,就是一种叫做"自黑"的冷兵器。书中的墨爸,通常已被我损得相当惨烈,但他看过之后,仍会觉得不够过瘾,还要夺过笔来,再重重

地添上一道浓墨,这是怎样的一种神经,不,精神啊。

如果说墨爸的宗旨是"重在掺和",那么墨宝的口号就是"志在搅和"。尽管姥姥看得很严,小家伙儿还是会使出金蝉脱壳之计,跑到我的工作现场,做出一些惊人的举动。这不,我的相机快门正要按下,他的灯光开关已经先响,咔嗒,咔嚓,一盘鲜艳的五彩白肉卷,就这样拍成了黑脸包青天。还有一次,我正要将切好的豆腐放入锅里,却发现少了一片,转过身来,看见墨宝正用它贴鼻子,一边扮小丑一边坏笑呢。每当见我面露愠色,墨宝就会张开他那抹了蜜似的小嘴,让我心中的嗔怒瞬间化为温暖和感动:"妈妈真漂亮,妈妈是美食家!"

烦恼郁闷时,墨宝是我的"开心果";疑惑怯弱时,墨姥则是我的"打气筒"。从小到大,老妈都喜欢用这样一句话鼓励我:"三姑娘手里没有黑(hē)馍馍!"还是她的这句"神回复",让我在拍菜写书的数月时间里,始终保持着满格电量。当然,墨爸是不会错过任何打击和挖苦我的机会的。这不,昨天我在厨房里向他诉说长期伏案引起的颈椎疼痛,这家伙不但不加安慰,还指着刚出锅的大虾说:"看见没,要想红,就得先受点罪。"

哈哈,红不红的真没想过,只希望各位亲们在翻过这本小书之后,能轻轻地说一句:"嗯,这是我的菜!"

三石美食

2014年元旦

目录 Contents

Part 1 三石说家宴

家宴之道

计划准备·有备无患	未雨绸缪	/ 013
食材选择·顺时应季	道法自然	/ 015
菜品搭配·阴阳互补	五味调和	/ 016
家宴秘籍·因人设宴	用爱烹调	/ 018

家宴之礼

入席之礼·长幼有序	主客有别	/ 021
敬酒之礼·热情有度	友谊无涯	/ 021
用餐之礼·吃坐有相	举止得体	/ 023
言谈之礼·分寸得当	和谐融洽	/ 024

家宴之思

末世帝宴·大厦倾于象牙筷	/ 026
南唐夜宴·纵情声色图自保	/ 027
郭府寿宴·九州传唱打金枝	/ 027
桃源家宴·千年轮回中国梦	/ 028

Part 2 三石做家宴

凉菜

减肥抗癌姐妹花·凉拌双花	/ 033
家有馨香客自来·芝麻西芹	/ 035
幸福就是心里美·梨丝心里美	/ 037

Contents 目录

形味兼美养生菜·蓝莓山药 / 039	地球人都爱吃的美味·可乐鸡翅 / 065
掉进蜜罐儿里的幸福·冰糖桂花枣 / 041	天成佳偶别样香·西芹百合 / 067
果蔬合一新滋味·橙汁冬瓜球 / 043	嫩滑爽脆巧搭配·牛柳荷兰豆 / 069
柔韧香脆下酒菜·红油猪耳 / 045	春初新韭待客来·韭菜银芽 / 071
此虾"醉"鲜美·酒醉海虾 / 047	最忆童年那抹红·蒜蓉红苋 / 073
江南美味也醉人·糟卤鸡翅 / 049	清新鲜嫩素食王·春笋豌豆 / 075
盛夏宴客也清凉·五彩白肉卷 / 051	细腻鲜美吉祥菜·香煎鲷鱼 / 077
童年味道最难忘·姜汁豇豆 / 053	餐桌上的白富美·鸡丝茭白 / 079
肉酥骨脆鲫瓜子·香酥鲫鱼 / 055	香到极致辣到爆·香辣带鱼 / 081
见证厨房奇迹·酸甜胭脂藕 / 057	鲜香水嫩饭遭殃·肉酱莴笋丝 / 083

炒菜

蒸菜

"灼"出好滋味·白灼芥蓝 / 059	五味尽纳茄香中·剁椒蒸茄子 / 085
又是菊黄蟹肥时·葱姜炒蟹 / 061	姹紫嫣红谁家宴·豉汁蒸扇贝 / 087
味重香浓主打菜·糖醋排骨 / 063	富贵吉祥雀屏开·开屏武昌鱼 / 089

小菜娃娃大逆袭·粉丝娃娃菜	/ 091		大美天成鲜味汤·丝瓜蟹味菇	/ 115
巧手调出香甜球·香芋土豆球	/ 093		大自然的馈赠·莲藕排骨汤	/ 117
爱在香甜软糯中·红豆莲子南瓜盅	/ 095		栗子入菜也香甜·海带炖板栗	/ 119
美食奇葩在沔阳·素三蒸	/ 097		用心煲出开胃汤·雪梨瘦肉盅	/ 121
荆楚人家过节菜·珍珠圆子	/ 099		美丽指数提一提·猪蹄炖花生	/ 123
蒸出清新小环境·蒜蓉蒸丝瓜	/ 101		美味强身不上火·西红柿炖牛腩	/ 125
踏雪寻梅酿佳肴·香菇酿豆腐	/ 103		自制靓汤赛秦淮·鸭血粉丝汤	/ 127
闻鸡起舞过大年·蒸全鸡	/ 105		至鲜至嫩名贵菜·上汤芦笋	/ 129
风波浪里鲈鱼美·清蒸鲈鱼	/ 107		色美味鲜降火汤·老鸭萝卜汤	/ 131
鲜美霸道有气场·蒜蓉开背虾	/ 109		节日家宴压轴菜·清炖甲鱼	/ 133
			餐桌上的工艺品·菠菜豆腐汤	/ 135

炖菜

冬季暖身滋补汤·胡萝卜炖羊肉	/ 111
名满天下淮扬菜·清炖狮子头	/ 113

甜品

一杯诗意寄江南·芒果酸奶杯	/ 137

Contents 目录

一碗清香一片凉·绿豆红薯汤 / 139
喝出曼妙好身材·木瓜红枣炖鲜奶 / 141
情到浓时自香甜·米酒鸡蛋 / 143
最是孩童欢乐多·西瓜果冻 / 145
润物无声香满园·香橙南瓜 / 147
红了容颜醉了枣·红枣桂圆糖水 / 149
莲清如水耳如雪·莲子银耳汤 / 151
软糯香甜有传人·草莓汤圆糖水 / 153
酸酸甜甜小清新·蓝莓奶昔 / 155
酿得甘露洒人间·杨枝甘露 / 157
难忘家乡米酒甜·桂花米酒汤圆 / 159
露似珍珠肤如脂·西米火龙果 / 161

Part 3 三石 排 家宴

简单就是美·三口之家的家宴菜谱搭配 / 166
老少齐欢乐·三世同堂的家宴菜谱搭配 / 168
甜蜜姐妹淘·闺蜜聚会的家宴菜谱搭配 / 170
豪迈进行时·哥们聚餐的家宴菜谱搭配 / 172
怒放的生命·春季家宴菜谱搭配 / 174
清凉正当时·夏季家宴菜谱搭配 / 176
又到收获季·秋季家宴菜谱搭配 / 178
吃出好火力·冬季家宴菜谱搭配 / 180
吉庆团圆饭·春节家宴菜谱搭配 / 182

三石说家宴

感悟家宴之道
研习家宴之礼
细说家宴故事

Part 1

三 石 美 食 · 小 家 盛 宴

Part | 三石说 家宴

家宴之道

老子曰:"家宴就像奥运会,要想办好真不易。"

别翻《道德经》了,里面肯定没这句。这位"老子"是俺家墨爸,自打有了墨宝,他就常以老子自居,并对我操办的家宴指手画脚,品头论足。

不过,他说的还真有些道理。每次的家庭宴会,差不多都是在上次聚餐的时候就定下来了,而且必经一番激烈的你争我夺,那场面绝对和"申奥"有得一拼。记得有一次,我就是以"我那儿还有一瓶茅台"的口号获得了主办权,并顿时感觉到了无比的荣耀和巨大的压力。

茅台只是申办的筹码,而要举办一次成功的"吃货儿奥运会",需要谋划和准备的事情还真不少呢。如果说客人就是远道而来的运动员,那么家宴的菜品就是赛事,餐盘就是场馆,赛事要排得合理,场馆也要建得漂亮。所以说,办家宴不但检验着你的烹饪水平,更体现着你的"综合国力"。

客人们乘兴而来,尽兴而归,留下一桌的杯盘和满屋的酒香。而对东道主来说,这次的家宴还远未结束,单是那富余的饭菜,没有个三餐两顿的,根本就打扫不完。我管这家宴的余韵叫"小家剩宴",而墨爸则干脆叫它"残奥会"。

俗话说"盗亦有道",更何况摆宴请客这样的家庭盛事呢?然而,要想讲清楚家宴的学问和门道,还真不容易,正所谓"道可道非常道"也(这回真是老子说的)。三石不揣浅陋,在此总结几条,谈不上家宴的"至德要道",就算是多年待客的一点经验和心得吧。

计划准备　有备无患　未雨绸缪

古人说:"凡事预则立,不预则废。"要办好一次家宴,也必须先有一个周密的计划和部署,比如说:要请哪些客人?时间如何协调?菜品如何搭配?要准备哪些食材?桌椅和餐盘够不够用?如此等等,越详细越好。所谓"饱带干粮晴带伞",未雨绸缪总是没有坏处的。

三石美食 · 小家盛宴

凡是事先能想到的事项，不妨都先列到一张纸上，好记性不如烂笔头嘛。随时想到的事情，随时加到后面，已经搞定的，就用笔划掉，等划得差不多了，你离一次成功的家宴就不远了。家宴筹备，千头万绪，而有了这样一个备忘录，你心里就会踏实很多，遇到事情也不会手忙脚乱、丢三落四了。

家宴的菜量通常是主人遇到的第一个难题，做多了，吃不完，做少了，更尴尬。理想的状态是不多不少，可钉可铆，既酒足饭饱，又碗干盘净。而要做到这一点，就必须对客人们的"战斗力"有一个准确的估计，所谓"知己知彼，百战不殆"。通常，三口之家的普通家宴，有四到五个菜就足够了；而如果有三五位闺蜜到访，你准备六七个营养丰富、清淡而又养颜的菜肴和甜品，往往就能皆大欢喜了。

然而，智者千虑，必有一失，要精准预测每一位来宾的胃口，通常是很难做到的。比如说，同样是五位客人，老公的五个小伙子同事和自己的五位闺中密友，那显然是不可同日而语的。就算都是五位闺蜜，碰巧这次有两个餐桌上的"女汉子"，那咱也最好有所防备。当我们拿不准菜量的时候，原则上还是要多准备一点，谁让我们是热情好客、慷慨大方的主人呢。除了备足饭菜，我们还可以多预备些食材，比如黄瓜、西红柿、鸡蛋等，万一有几个忍了一天没吃饭的主儿，咱也能临时颠几个快手小菜应对一下。厨房里有了后援部队，咱在餐桌上也就不用担心了。

时间过得真快，明天客人就要登门了。怎么，你还在睡大觉？快醒醒吧，很多事情该开始准备了。就说蒸菜吧，它的食材是需要预先腌制入味的，尤其是"全鸡"这样的大块头，最好是提前一晚就抹上盐和料酒，放入姜片葱段，再移到冰箱冷藏室腌起来。另外，像牛肉、羊肉、排骨等，我都喜欢先汆水去腥，而这些工作都可以在前一天晚上做好。

一切准备停当，终于可以踏踏实实地睡个好觉了。毕竟，只有休息好，明天才能体力充沛，精神饱满地迎接客人。

估摸再有两三个小时,客人就要陆续敲门了。这时候终于可以煎炒烹炸,操练起来了。抛开烹饪的手艺不说,单是这七碟八碗的顺序安排,就有很多技巧。我们小时候都做过这样的智力题:"小明在家烧水、泡茶,洗水壶需要1分钟,烧开水需要15分钟,洗茶壶、洗茶杯各需1分钟,取茶叶需要2分钟,请问小明需要多长时间才能泡上茶。"最佳答案是16分钟,因为烧水的过程中,小明可以洗茶壶、洗茶杯、拿茶叶。

家宴的主人们大多没学过运筹学,更别说排队论了,但他们都是解决实际问题的高手。他们给出的厨房问题的答案,比数学家不知要高明多少倍。就说蒸饭,都知道可以先蒸上,但若提前太久的话,吃的时候也就没有筋道劲儿了。再说凉菜,虽然可以先洗净、切好,但调盐却应留到最后时刻,否则,等上桌的时候,那菜早就不水灵了。

说到这儿,咱们再一起做道厨房智力题呗。说三石在烙饼,每张饼的一面要烙熟,需要1分钟,现在有两个炉子三张饼,请问最快需要几分钟,能把三张饼都烙熟?

食材选择　顺时应季　道法自然

食材是美味的根本,食材是健康的源泉,因此,食材的选择对家宴的成败至关重要。

俗话说"物以稀为贵",食材也是如此,但在食材的世界里,却不应以贵贱论英雄。就说燕窝吧,

三石美食 · 小家盛宴

一向被国人视作高级补品,价格不菲,但在营养价值方面,其实并无特别之处。由于价高利丰,有人追捧,这类珍稀食材反而更容易被不法之徒选为造假的目标。再说鱼翅,你若吃到真的,那无异于在杀害珍稀的鲨鱼;你若吃到假的,那就是明胶和色素,吃下去和自杀也差不太多了。

对于家宴来说,最自然的食材就是最好的烹饪原料。借用一句广告语来说,我们不生产菜,我们只是大自然的搬运工。家宴食材的选择,首先要顺应自然界的规律,什么季节就吃什么季节的食物,尽量不吃反季节的东西。孔子说的"不时不食",就是这个意思。春生、夏长、秋收、冬藏,这是天地万物运动和变化的规律,人是自然界的一部分,只有尊重规律,敬畏自然,才能得天地馈赠,反之就会受到自然界的惩罚。对古人来说,吃了反季节食物可能意味着口感欠佳或营养缺失,但对今人来说,又多了催熟剂、防腐剂等新的风险。

春天万物复苏,生机勃发,春笋、芦笋、韭菜、菠菜等都是大自然赐予人类的最好礼物。桃红柳绿时节,也是鱼虾最肥硕、最鲜美的时候,入宴待客,恰逢其时。入夏之后,西红柿、茄子、豇豆、茭白、西瓜等纷纷成熟,它们都是解暑养人的上佳食材。秋季一到,瓜果飘香,莲子、莲藕、大枣、南瓜等都是润肺养心的应季食材。此时的螃蟹,膏黄丰腴,味道鲜美,家宴餐桌,舍我其谁?到了冬天,人与自然都进入"养藏模式",萝卜、白菜、土豆、红薯等,就该逐渐成为餐桌上的主角。

多一些顺其自然,少一些人定胜天。大到经国济世,小到排宴待客,道理莫不如此。

菜品搭配　阴阳互补　五味调和

中道与平衡是中国文化的核心思想,而对于家宴的菜品搭配来说,这一理念也尤为重要。食物本身通常并无好坏之分,关键是要配比合理,摄取适量。满桌大鱼大肉,固然显得丰盛隆重,但却有失均衡,不利于健康。如今,人们的日常饮食大多热量过剩,但缺少维生素和膳食纤维等有益成分,因此,家宴的菜谱中应适当增加蔬菜和粗粮的比例。

然而,饮食在中国被赋予了太多的含义,一些食材常被认为过于简单家常而羞于摆上家宴的餐桌。要改变这一状况,让餐饮回归自然,就需要家宴主人们发挥一点创造力和想象力,将蔬菜和粗粮做得更美味,更好看,更有故事,更有"意头"。书中将要介绍的红豆莲子南瓜盅、绿豆红薯汤、梨丝心里美、素三蒸、蒜蓉蒸丝瓜等菜,就是三石在"粗粮细作、素菜精做"方面的有益尝试。

除了荤素,食物还有热、温、凉、寒等属性。同是肉类,羊肉性热,鸭肉性寒;同是蔬菜,韭菜性温,丝瓜性凉。温热为阳,寒凉为阴,只有冷热平衡,阴阳协调才是一桌好家宴。对于主人来说,了解了各种食材的属性,才能合理搭配,做到寒者以热补、热者以寒补。就说西红柿炖牛腩吧,牛肉性偏温热,西红柿性凉解热,二者阴阳互补,才成就了这道好吃不上火的美味,而家宴菜谱的编排与菜品食材的搭配其实是一个道理。

"和"是中国食文化所追求的最高境界,从某种角度来说,餐饮之道就是平衡之道,和谐之道。以中餐的烹调方法而论,煎、炒、烹、炸、蒸、煮、烧等各具特色,只有搭配使用,合理取舍,才能丰富菜品式样,提升食材口感。这其中,蒸菜口感鲜嫩,形色俱佳,少油少盐,且营养流失少,环境影响小,最为三石所推崇,但其他烹调方法也不应完全偏废。

中国饮食素有"味"是灵魂的说法,"五味调和"更是中国烹饪的根本原则。我们常有这样的体验:在咸味的菜里加一点糖,味道不是更淡,而是更咸,这就是不同味道之间相互激励的作用;吃了极甜的葡萄,再吃很甜的苹果,也会觉得淡而无味,这就是同味之间相互限制的效应。酸、甜、苦、辣、咸,不以一味而独胜,只有经过调和,才能取长补短,相互作用,从而达到美不胜收的境地。

凡事过犹不及。很多餐馆因过于追求味道而大量使用油

脂,这种大油重味的倾向,已与古人倡导的"五味调和"背道而驰了。作为家宴,当以健康天然为第一宗旨,少油少盐,突出本味,调味时应以平调为主,适当补味,尽量做到不抢味、不压味。五音调和才能成就美妙动听的音乐,五味调和才能做出健康适口的家宴。

家宴秘籍　因人设宴　用爱烹调

孙子曰:"兵无常势,水无常形,能因敌变化而取胜者,谓之神。"选材有道,但并无恒道,搭配有法,但并无定法,一切都应根据气候、节令、客人情况等灵活掌握,而这其中,人的因素永远是要首先考虑的。俗话说"萝卜白菜,各有所爱",衡量家宴成败的基本标准,就是客人是否吃得高兴。因此,安排家宴菜谱时,需要认真分析客人的年龄、性别、出生地等情况,并做出有针对性的方案。成功的家宴,就是在正确的时间,取恰当的食材,以合理的方法,做给合适的人吃。

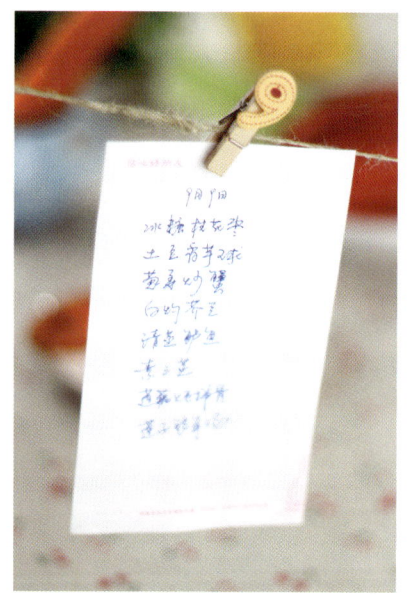

以客人的年龄而论,如有小孩,就需要准备一些色彩诱人、软硬适中、清淡健康的菜品,比如五彩白肉卷、清蒸鲈鱼等;而针对老人,则应安排软糯适口、属性温和、绿色天然的佳肴,如素三蒸、红豆莲子南瓜盅、香菇酿豆腐等。如是闺蜜来访,多备些美容养颜而又瘦身的菜肴和甜品肯定是错不了的,比如花生炖猪蹄、酸甜胭脂藕、杨枝甘露等;若来宾多为血气方刚的小伙子,除了鸡鸭鱼肉,再来一道红油猪耳下酒如何?

家宴之道,贵在用心。记得有一次,闺蜜初次携男友登门,我考虑这毛脚女婿是浙江人,就特意准备了一道他家乡的特色菜——糟卤鸡翅,结果,大快朵颐之外,还引出了无数愉快的话题。那次聚餐之后,两人关系快速升温,不久就喜结连理了。我想,这糟卤鸡翅没准也是他们的大媒呢。

家宴成败,源自细节。比如,每有贵客首次登门,我都会让墨爸用微信或彩信给他发一张交通线路图,以解客人寻路的烦恼;若来宾中有小朋友出场,我一般都会先准备一些孩子喜欢的礼物或玩具。这些安排看似微不足道,却会让客人感到格外的温暖。

家宴的道道说了不少,最后再透露一个三石的"不宣之秘"。家宴之道就是用人之道,要想把繁复的家宴操办变成闲庭信步,重中之重是把你的另一半培养出来。就说墨爸吧,虽然偶尔说点怪话,但在我的培养下,干起活来还真不含糊呢。有他帮着买菜收拾、刷锅洗碗,我可就轻松多了。

那个谁,你先忙着,我去刷会儿微博哈。

家宴之礼

俗话说"礼轻情意重",可俗话又说"礼多人不怪",中国的谚语真是既充满了智慧,又让人无比纠结啊。

还是说家宴吧。既是家庭餐会,来的就没有外人,不是亲朋好友,就是同事同学,彼此相熟相知,大可不拘俗礼。尤其是哥们儿或闺蜜的约聚,大家年龄相仿,志趣相投,就应该不分你我,率性而为,轻轻松松地做一回"真自己"。毕竟,家宴不是国宴,它的宗旨就是快乐、温暖和随意,如果被繁文缛节所累,那就背离初衷,作茧自缚了。

然而,家宴也是"宴",是人际交往的方式,是增进情感的手段,因此,在家宴进行的过程中,也应遵守人与人相处的基本规范,即便是最亲近的人,在言谈举止之间,也应把握一定的分寸感。夫妻尚要相敬如宾,朋友更应以礼相待。

在中国文化的语境里,随意与放肆,礼貌与生分,其间只隔了一层薄纸,如果拿捏得当,你就是人情练达的处世高手,反之,你就可能成为迂腐或粗俗的典型。

家宴之道,重在实践感悟;家宴之礼,源自日常修为。孟子曰:"恭敬之心,礼也。"礼的本质是尊重,是谦卑,是与人为善,是待人以诚。礼是内在修养的外在表现,是发自内心的真诚之心、感恩之心和敬畏之心的自然流露。以礼约束行为,就会让自己和他人都感到舒服和愉快;保持恰当的距离,会使彼此既得到温暖,又互不伤害。

说着说着,客人到了,再不出迎,咱可就失礼了。

入席之礼　长幼有序　主客有别

门铃响,客人到!"墨爸、墨宝,别打游戏了,快出来一起迎接啦——"

"欢迎,欢迎!快进屋吧。咳,来就来吧,还买什么东西啊。什么?不是买的,自己钓的?您钓的可真不少啊,得有二斤多吧?"

"嘛玩意儿,二斤多?四斤还高高的啦!不信你问去,就这个,掌柜的还给饶一条啦!"

"墨宝,跟'二个'哥哥玩去吧。您公母俩先坐着,喝点儿茶,菜一会儿就好了。今儿晚上正缺个鱼汤呢,您这鱼就钓来了。"

您看,客人一到,家里立刻热闹了不少,尤其人来疯的墨宝,最高兴了。

鱼汤熬好了,客人们也到齐了,赶紧入座吧。"二个他爸爸,您坐首席吧。"

"别介,墨姥在呢,我哪儿敢啊。来,姥姥请上坐。二个!你到边上坐着去。"

家宴的首席,通常是面对门的座位,应请辈分最高的长者来坐,没有长者,则请最重要的客人来坐。另外,临墙的座位和面对景观的座位也被认为是上座,应请尊者先坐。

长辈坐稳,女士坐好,客人们各就各位,我和墨爸也终于可以落座了。嗯,酒和饮料都有了吧?好,那咱们就准备开始啦!

敬酒之礼　热情有度　友谊无涯

但凡正式一点的家庭聚餐,动筷之前总要有个开场白,或者叫欢迎词。而这"捅两句"的任务,在我家是非墨爸莫属的:"那个啥,今天本来是想整一瓶红酒的,结果在超市看到啤酒不错,就买了一瓶二锅头。下面就请酒杯举起大家,一起走一个!"

墨爸说话总是颠三倒四,语无伦次,真没办法。看来以后只能好好培养我儿子了。

除了祝酒词要热情得体,这倒酒和敬酒也很有讲究。俗话

说"酒满茶半",茶要倒半杯,酒要斟满杯,尤其是白酒和啤酒,更是如此。斟酒要从长者开始,然后顺时针依次而行。敬酒时,眼睛注视对方,喝完后再举杯表示感谢。碰杯时,自己的杯子要略低于对方的杯子,以示尊敬之意。

家宴上略备薄酒,小酌慢饮,其乐无穷,但若豪饮无度,劝酒不休,那恐怕就要窘态百出,误事伤身了。喝酒的目标应是"喝好"而不是"喝倒",所谓"劝者尽其情,饮者度其量"是也。花至半开,酒至微醺,这才是家庭宴饮中最美妙的境界。

作为家宴的主人,应该洞察客人的状态,掌控饮酒的局面。如果开口闭口说自己"高了",那这位客人一定清醒着呢;如果口口声声说"没醉",却要顺着手电筒的光柱往上爬,那您就得赶紧夺他的杯子了。

哎哟,我说二个他爸爸,您老开车来的,怎么也喝酒啊?回去让二个妈妈开?这还靠点谱!

家宴上猜拳行令,吆五喝六,三石更不提倡,但如果真遇到热情过度的朋友,您学几句挡酒的说辞,也许用得上:只要心里有,喝啥都是酒;万水千山总是情,少喝一杯行不行?

用餐之礼　吃坐有相　举止得体

俗话说"坐有坐相,吃有吃相",这"吃相"就是吃喝的行为规范。吃菜只拣近处的夹,吃饭不能低头就碗,嘴里有饭菜时不要说话,喝汤时不能发出声响,剔牙时要以手掩口……无论古今中外,就餐礼节中都对吃相有不少类似的要求。

吃相是一个人修养和心性的表现,是一个人地位与阶层的标签。然而,和大多数礼仪一样,吃相也是对人之天性的约束甚至扭曲,过度强调吃相,难免让我们离美食的至味真趣越来越远。

说起家宴的吃相,不得不提我的几个闺蜜,她们可是活学活用,集用餐礼仪之大成者。

每当餐桌上有长辈或生人在场的时候,她们各个乖巧安静、斯斯文文,俨然大家闺秀一般。嘴里面"叔叔长、阿姨短"地叫个不停,手里则拿着公筷母勺,忙着布菜分汤。每有新菜上桌,她们必请长辈先尝,轮到自己时,总是小口慢咽,不出声响。偶尔用纸巾抹下嘴角,那更是千娇百媚,满屋的春光。

但是,可但是,一旦没有外人,或是长辈先行离席,她们立刻原形毕露,成了疯人院里跑出来的姑娘。吃大菜,你抢我夺,喝靓汤,滋滋作响。咳嗽打嗝不避你我,剔牙吐刺倍感荣光。刚才还是林黛玉转世,眨眼成了饿死鬼投胎的"饕娘"。

哈哈,这两个场景虽然反差很大,但她们的确是同一群可爱的姑娘。家宴的礼节就是如此,既需要克制自己,照顾他人,更需要放松身心,袒露真情。吃相婉约,那是对长辈的真心敬重;吃相豪放,则是对美味的最高褒奖。如果哪天闺蜜们全都正襟危坐,客客气气,规矩得像旧时的小媳妇,我这个家宴的主人反倒会心里发慌了:是今天的饭菜不可口,还是哪里得罪了各位?

三石美食·小家盛宴

▍言谈之礼 分寸得当 和谐融洽

有一句流行的台词说:"两个人吃的是饭,一个人吃的是饲料。"而对家宴这样的聚餐来说,与其说吃的是美味,不如说吃的是感觉。子曰:"礼之用,和为贵。"家宴的礼节说一千道一万,都是以和顺融洽为终极目标的。

和谐美好的家宴,热烈而不浮躁,温馨而不做作,而要达到这样的效果,除了美食美酒,更少不了家宴主人优雅得体、自信幽默的谈吐。作为家宴主人,要能掌握并调整宴席的气氛,适时引导或转换话题,像电影电视、体育比赛、流行时尚、美食育儿、风土人情,天气状况等都是餐桌上永恒的话题。而话题挑得再好,都不如对了客人的胃口,比如今儿晚上二个他爸爸来了,您要跟他白话点钓鱼的事儿,那就有提多咴了。

家宴餐桌上的对话,也应遵循通常的交谈禁忌,比如,不问个人收入,不问女士年龄,慎谈政治、宗教等。另外,餐桌上也不要挑起地域之争,无论哪个地方的人,都有优点,也都有不足,不应互相贬损伤害。再说,如果你看在场的没有某地人就拿某地人说事,那也非常危险,谁知道"二个"的姥姥是不是那里的人呢?

酒过三巡,意兴正浓的时候,聊一点明星八卦之类并无不可,但千万不要在背后褒贬熟人、同事。张三今天和你说了李四的坏话,明天八成就该和李四说你的不是了。所谓"来说是非者,便是是非人"说的就是这个意思。如果非要背后议人,不妨多加赞美,以人为师,如此才是传递正能量。

出色的家宴主人既能用美食挑战客人的味蕾,也能用段子戳中来宾的笑点。笑一笑,十年少,愁一愁,白了头,一段爆笑冷幽默,赛过十个狮子头。糗事、囧事、雷人事,在餐桌上尽可顺手拈来,博人捧腹,而唯独一样,请务必在妇孺面前避而远之,那就是毫无节操的"荤笑话"。孔子在 2500 年前就预言了不雅段子的流行,并给出了这样的教诲:"知和而和,不以礼节之,亦不可行也。"

要成为餐桌上的段子手、话篓子,全靠日常的积累和临场的发挥,而像墨爸这样满脑子代码的IT男,在餐桌上就只有"挨踢"的份儿了。记得以酒会友的那次家宴,一位客人问墨爸:"你觉得《菊花台》怎么样?"墨爸摇了摇头说:"没喝过。"

客人:"……"

三 石 美 食 · 小 家 盛 宴

家宴之思

历史的长河星汉灿烂,其中有许多闪着油光的,我们称之为"家宴"。

现实的家宴令人回味,历史的家宴引人长思。家宴是镜,鉴千年兴替轮回;家宴是画,描官场丑态沉疴;家宴是戏,唱人间喜乐伦常;家宴是梦,寄百姓理想希望。

今天,三石从历史的星河中随手摘下几颗,与大家慢慢品味,细细把玩。在家宴这样的吃货儿盛典上,随口讲几段历史典故,即便不能引发思考,也足以成为显摆的资本:"你们看,我是高级吃货儿呢。"

末世帝宴 大厦倾于象牙筷

话说纣王即位不久,便命工匠为他琢一副象牙筷子。纣王的叔叔箕子感叹说:"象牙筷子肯定不能配瓦器,要配犀角之碗,白玉之杯。而玉杯肯定不能盛野菜粗粮,要有山珍海味与之相配。吃了山珍海味,就不肯再穿粗葛短衣,住茅草陋屋了,而要衣锦绣,乘华车,住高楼。国内满足不了,就要到境外去搜求奇珍异宝。我真为他担心啊。"

果然,没过多久,纣王便开始建造豪华鹿台,供其穷奢极欲。纣王还经常"大聚乐戏于沙丘,以酒为池,悬肉为林,使男女裸相逐其间,为长夜之饮"。为满足日益膨胀的贪欲,纣王不得不厚取赋税,并设炮烙之刑,惩罚异见者,终致百姓怨恨,诸侯反叛。

直到周武王誓师牧野,吹响讨商的号角,纣王才停止了歌舞宴乐,仓促组军应战。怎奈这支由奴隶和俘虏构成的军队刚与武王之师相遇就掉转矛头,引导周武王军队杀向纣王。眼见大势已去,纣王只好登上鹿台,赴火而死,一代王朝也就此终结。

一副象箸,帝王家宴的小小餐具,竟改变了纣王和殷商的命运,成了兴亡成败的分水岭,真令人唏嘘不已。《诗》云:"殷鉴不远,在夏后之世。"遗憾的是,600年殷商到了纣王这一代,早就将夏亡的教训忘在了脑后,而商纣也和夏桀一起,成了暴君和苛政的代名词。

家宴事小,只在百姓饥饱;家宴体大,关乎社稷存亡。

南唐夜宴　纵情声色图自保

一部《史记》,让步步惊心的鸿门宴名传千古;一篇《兰亭集序》,让东晋的雅士之宴流芳百世。而在一千多年前的南唐,一场宦门家宴则因一幅旷世奇画而名扬天下,而这场家宴背后的故事,同样耐人寻味。

这幅画作就是《韩熙载夜宴图》,它以连环长卷的方式,描摹了南唐巨宦韩熙载夜开家宴,歌舞欢饮的场景。韩熙载出身北方望族,曾中进士,后因故投顺南唐。南投之后,韩熙载历事李昇、李璟、李煜三代君主,并以其杰出的政治才能,官至中书侍郎、兵部尚书等要职。后主继位的时候,南唐已经积贫积弱,国势日衰,面对北方的强敌,李煜本想任用韩熙载为宰相,以图重振朝纲,可又因韩熙载是北方人而心存猜忌。聪明的韩熙载也深知自己的处境,为了避免遭受无端构陷,他开始纵情声色,不问时事,以韬晦之略求取自保。尽管如此,后主李煜对他仍不放心,于是派遣画院待诏顾闳中等夜入韩宅,窥探韩熙载家夜宴宏开的场景。回去之后,顾闳中根据自己的目识心记,为李煜绘制了一幅《韩熙载夜宴图》,后主看画之后,对韩熙载的戒心果然减少了许多。

一场奢靡家宴,一幅传世名画,让韩熙载给世人留下了放浪形骸、沉湎声色的颓靡形象,但韩熙载也因此得以在高位上善终。李煜与韩熙载之间的种种心思也许只是后人的主观臆想,但这种以自毁名节来保全身家性命的做法,在历史上却并不少见,萧何自污,王翦求封,都是这一故事的翻版。贪财好色步青云,清正无私惹祸根,中国的官场逻辑就是这样玄妙。自损自毁以保命,同流合污获认同,这是中国人的生存智慧,更是五千年的制度悲哀。

一幅画图就是一纸江湖的投名状,一场家宴就是一张官场的百态图。

郭府寿宴　九州传唱打金枝

每遇红白喜事,或是逢年过节,总是家庭矛盾最容易爆发的时候,就算古时的帝王将相之家,也同样难以免俗。

话说唐代宗年间,名将郭子仪家大排筵宴,庆祝老将军七十寿诞。郭子仪是平定安史之乱的第一功臣，力保李唐江山不失，因此深得朝廷恩宠，被封为"汾阳王"，代宗还将自己的女儿升平公主赐婚郭子仪的六儿子郭暧，促成了一段政治姻缘。郭家摆宴，自是热闹非凡，七子八婿都来祝贺，唯独郭暧家的这位公主托病不肯前来。郭暧本已觉得脸上无光，又被哥嫂们奚落了一番，心里十分窝火。几杯闷酒下肚，郭暧又回家和妻子理论，指责公主不尊孝道。升平公主自恃金枝玉叶，不但不肯认错，还对丈夫反唇相讥。郭暧终于按捺不住怒火，借着酒劲打了老婆一巴掌，并说道："别以为你是皇家的女儿就了不起，我爹他是根本不想干皇帝这个差事，要不然，还轮得上你家？"

向来恃尊自傲的公主哪里受得了这个，说了声"你等着瞧"，就乘着自己的辇驾，直奔皇宫去向老爸老妈告状去了。消息传到酒席宴上，老寿星不禁吓出一身冷汗。敢打圣上的千金，又说出这样的大话，这可是欺君之罪啊，弄不好是要满门抄斩，甚至株连九族的。老将军赶紧命人将儿子五花大绑，亲自带到金殿，给代宗赔礼道歉。皇宫内，一场大戏就此开演。

这场由寿宴引发的家务官司，后来被艺术家们搬上了戏曲舞台，那就是脍炙人口、久演不衰的《打金枝》。这出戏，京剧、评剧、豫剧、晋剧、越剧等众多剧种都有编演，而墨爸尤其喜爱筱俊婷主演的评剧《打金枝》，受他的影响，我现在偶尔也会哼上两句老旦唱腔。

舞台上的《打金枝》第一主角是皇后，可见在处理家务纠纷上，丈母娘有多重要了。这位老太太绝对是思想工作的高手，她劝完万岁劝女婿，劝完女婿劝闺女，说得是句句在理，字字情深，一片厚爱之中，又透着几分诙谐幽默："比方说，你的父王寿诞日，驸马他不来拜寿你依不依？你依仗你是一个帝王的女，嫁到民间就是民间的妻……"事儿是皇家的事儿，可理儿都是普天下百姓家的理儿，因此，戏到精彩处，总能赢得观众的会心一笑和热烈掌声。

当儿女发生矛盾时，几位长辈先是自省自责，后又巧妙调停，关键时刻又懂得退避三舍，给小两口自己解决问题的空间。正是因为有着这样的境界和智慧，才使得一场剑拔弩张的家庭纠纷能够在喜剧中收场。自打这件事儿以后，刁蛮的公主慢慢变成了贤淑的典范，而郭家父子也对朝廷更加忠心耿耿了。

这段《打金枝》的故事，堪称中国子女教育与危机公关的样板，值得后人借鉴深思。

桃源家宴　千年轮回中国梦

话说一千六百年前的一天，武陵某渔人沿小溪撑船而行，忽被两岸美丽的桃林所吸引，于是寻幽探秘，来到一处人间仙境，并受到了当地人的热情款待。

东晋五柳先生陶渊明是这样描述桃花源中的家宴的：

见渔人，乃大惊，问所从来，具答之。便要还家，设酒杀鸡作食。村中闻有此人，咸来问讯。自云先世避秦时乱，率妻子邑人来此绝境，不复出焉，遂与外人间隔。问今是何世，乃不知有汉，无论魏、晋。此人一一为具言所闻，皆叹惋。余人各复延至其家，皆出酒食。停数日，辞去。此中人语云："不足为外人道也。"

　　桃花源人的家宴可能谈不上丰盛精美，但绝对是最真诚、最掏心的。与淳朴厚道的村民相比，这位渔人却做得有点儿不够意思。挨家挨户吃了个遍，酒足饭饱之后却忘了村中人"不足为外人道"的嘱咐，返回时处处留下标记，并去拜见太守，把自己的奇遇细说了一遍。

　　还好，那时候没有导航和定位系统，太守虽派人前去寻找，却最终迷失了方向，无果而回。南阳隐士刘子骥听说此事，兴奋之余也打算前往，可惜不久就因病去世了。从此，没有人再去探寻，这桃源胜地得以永远存留在中国人的心中。

　　《桃花源记》是古代田园诗人为我们描绘的中国梦，今天读来，仍令人心向往之，感慨系之。在这个理想世界里，有良田美池而无荒漠污塘，有屋舍俨然而无水泥丛林，有鸡犬相闻而无汽车轰鸣。这里的老酒没有假冒伪劣，这里的空气没有雾霾沙尘……

　　桃花源里的人们丰衣足食，安居乐业，人人平等，无忧无虑。这里的老人孩子怡然自乐，他们不会为退休的年龄而担忧，也不会为奥数的难题而发愁。在这里，老人摔倒了可以放心扶起，孩子玩耍时不用寸步不离。这里没有畸高的房价，没有染毒的奶粉，没有野蛮的强拆……

　　如果说晋代确有这样的避世绝境，那么在科技高度发达的今天，任何世外桃源恐怕都是难以遁形的。既然无处躲避，我们就只能通过自己的点滴努力，去改变现实的世界了。"达则兼济天下，穷则独善其身"，即使自己再渺小，也可以尽量做到不嫉恨、不作恶，保持心灵的真善美，守住理想的桃花源。

　　即便今天真有这样的世外桃源，恐怕也没人愿意久留了。虽然有美味家宴伺候，但那里没有WIFI啊。

三石做家宴

Part 2

六十五道私房家宴菜
六十五篇心情小随笔
研习厨艺之煎炒烹炖蒸
感悟生活的酸甜苦辣咸
看山不是山，看菜不是菜
看山还是山，看菜还是菜

花椰菜(有些地方叫花菜、菜花)和西蓝花同属十字花科蔬菜,都是甘蓝的变种。花椰菜和西蓝花不仅味道鲜美、营养丰富,而且还是举世公认的抗癌明星,名列抗癌蔬菜排行榜的前茅。多吃花椰菜,可显著降低罹患胃癌、肠癌、肺癌的风险。另外,花椰菜热量低,水分大,吃后易获饱腹感,也是减肥消脂的好蔬菜。

　　凉拌双花新鲜脆嫩,绿白相映,摆于一盘,形如众星捧月,为家宴的餐桌增色不少。

Part 2 三石做家宴

凉菜

减肥抗癌姐妹花
凉拌双花

- 主料：西蓝花 200 克，花椰菜 200 克。
- 配料：大蒜 25 克，红尖椒 5 克，盐 2 克，白醋 3 毫升，香油 3 毫升。
- 做法：

1. 将花椰菜和西蓝花清理干净，分别掰成小块，在盐水里浸泡 10 分钟，清洗后待用。
2. 锅内倒入凉水，加入一滴油，烧开后，将西蓝花和花椰菜放入开水中焯烫至断生。
3. 捞出焯烫好的双花，放在凉开水盆里过凉，沥干水分装盘。
4. 大蒜剥皮，用压蒜器挤成蒜泥。在蒜泥中调入盐、白醋和香油，搅拌均匀，做成调味汁儿。
5. 将调味汁儿倒在西蓝花和花椰菜上，拌匀后再点缀切好的红椒圈即可。

1

2

3

4

5

小叮咛

1. 西蓝花和花椰菜的焯烫时间要短，太软会影响口感。
2. 焯西蓝花和花椰菜时，开水里加点油或盐，可以保持西蓝花翠绿的颜色。

西芹，顾名思义是"西洋芹菜"；与之对应的则是中国芹菜，即"本芹"。本芹细小，市场里通常论捆卖；西芹粗大，你按棵拿就行了。我买西芹，通常挑细点儿的来上一两棵，足够一家人吃一顿的了。当然，若赶上有雅士来访，就得多买上几棵了。

西芹吃法也很多，墨爸喜欢包饺子吃，我则喜欢与百合炒着吃；而我俩都爱吃的，就数这道做法简单、味美漂亮的芝麻西芹了。将西芹叶柄切丝泡弯，再调入盐、糖、白醋，撒上黑白芝麻就OK了。做好的芝麻西芹口感爽脆，身姿曼妙，气味芬芳，无论是自家食用还是招待上宾，都是有营养、有品位的小菜。

家有馨香客自来
芝麻西芹

- 主料：西芹 100 克，熟黑芝麻 3 克，熟白芝麻 3 克。
- 配料：盐 2 克，糖 2 克，白醋 2 毫升。
- 做法：

　1. 西芹洗净，摘去老筋，先切段，再切成细条。

　2. 将切好的西芹条浸泡在凉水里，直到西芹条变弯。

　3. 捞出西芹，沥干水分，装入碗中，调入盐、糖和白醋拌匀，最后撒入黑白两色熟芝麻即可。

❶　❷　❸

小叮咛

1. 选购西芹时，以细嫩者为佳。
2. 将切好的西芹条放入水中浸泡，会使西芹更快地变弯曲。
3. 为了颜色好看，建议用白醋。
4. 西芹热量低，是女性瘦身的上佳选择。

认识心里美,还是在来京之后。这种胖嘟嘟的萝卜,外皮绿而泛白,切开后却是艳若桃花的红色,非常可人。

墨爸爱吃心里美,每次削掉外皮后,拿嘴就啃,好不爽快!我虽然也喜欢心里美,但对墨爸这种拿萝卜当水果的吃法,还是有点难以接受,看着就辣心啊。于是,我开始研究这爽口萝卜的新吃法,发现梨丝心里美就非常不错。萝卜丝以糖腌制,再配上酸甜水灵的梨丝,辛味尽除,口感更佳。

每次吃完梨丝萝卜,盘底总会剩一些浅红色的汤汁,那可是梨和萝卜的精华,别人不能乱动的。端起盘子,凝神静气,将那玉液琼浆一饮而尽,真是甜在嘴里,美在心中,爽啊!

幸福就是心里美
梨丝心里美

- 主料：梨 1 个，心里美萝卜半个。
- 配料：糖 20 克，盐 1 克，黑芝麻 1 克。
- 做法：

　　1. 将心里美萝卜清洗干净，去皮后切成细丝。

　　2. 将白糖加入心里美萝卜丝中，腌制 15 分钟。

　　3. 将梨清洗干净，去皮后切成细丝，泡在盐水中。

　　4. 捞出梨丝，沥干水分，和心里美萝卜丝拌匀，装盘，撒上黑芝麻即可食用。

① ② ③ ④

小叮咛

1. 切好的梨丝放在盐水里浸泡，可防氧化。
2. 削下来的萝卜皮不要丢掉，凉拌、炒肉都很好吃。
3. 也可以将糖换成蜂蜜。

作为一款"高端大气上档次"的凉菜，蓝莓山药在餐馆里极受食客们欢迎。翻开菜谱，你先会被她的外形吸引：蓝紫色的酱汁淋在洁白的山药上，娇艳欲滴，美不胜收。她在那里恣意地挑逗着你的食欲，让你不忍将视线移开。蓝莓山药造型百变，但无论是山药泥，还是山药架，都堪称"惊艳"。

蓝莓山药不但养眼，而且养人。山药补脾养胃，滋肾益精；蓝莓养颜抗衰，提升视力，两者都是养生的佳品。山药或软或脆，蓝莓又酸又甜，两者搭配，口感也是极好的。

这样一道好吃好看又养生的佳肴，其做法却并不复杂，难怪越来越多的普通百姓将她作为家宴餐桌上的主打凉菜了。

形味兼美养生菜
蓝莓山药

- 主料：山药 400 克，蓝莓酱 50 克。
- 配料：白醋 10 毫升，蜂蜜 30 毫升。
- 做法：

    1. 戴上一次性手套，将山药去皮，切成长条。
    2. 将切好的山药条浸泡在白醋里。

3. 锅内加水烧开，放入山药条，煮至断生，捞出后用凉开水冲洗，再沥干水分。

4. 将山药条以"井"字形摆放在盘中。

5. 用蜂蜜将蓝莓酱稀释成黏稠的汁儿，淋在山药上即可。

小叮咛

1. 接触山药的黏液会使皮肤发痒，因此，处理山药时要戴上一次性手套。
2. 山药削皮后容易氧化，可泡在加了白醋的水中，以免变黑。
3. 蓝莓酱用蜂蜜稀释，味道更佳。

甜蜜蜜，你笑得甜蜜蜜，好像枣儿掉在冰糖里……

红枣含糖量极高，鲜枣为20%~36%，干枣更高达55%~80%。枣中维生素C的含量在水果中也是名列前茅，且富含蛋白质、核黄素、磷、钙、铁、钾……是公认的滋补佳品，尤以补血养颜最为世人称道。金丝枣则是枣中上品，因掰开半干红枣时有金丝相连而得名。金丝枣个头虽小，但颗颗甜蜜，粒粒珠玑，好吃又好看。

枣裹冰糖已是甜上加甜，再来点糖桂花，是不是感觉掉进了蜜罐儿里？

掉进蜜罐儿里的幸福
冰糖桂花枣

- **主料：** 无核金丝枣 100 克。
- **配料：** 冰糖 20 克，糖桂花 15 克。
- **做法：**

1. 在流水下，用小刷子将金丝枣刷洗干净，再用温水泡开，沥干水分备用。
2. 锅内放入清水，小火慢慢将冰糖熬至黏稠。
3. 放入金丝枣，用木铲翻拌几下，加入开水，小火熬至汁儿浓，每粒枣都裹上冰糖汁儿，盛出装盘。
4. 淋入糖桂花，拌匀即可食用。

小叮咛

1. 熬冰糖时，一定要用小火，以免糊锅。
2. 建议选无核的小枣，这样吃起来方便，也更容易入味。

这是何方美味?形似荔枝,色如芒果,吃上一口,兼有橙子的芳香和冬瓜的水嫩。别猜了,这可不是什么果蔬新品种,这是美食家的厨房杰作——橙汁冬瓜球。

最近有消息说,英国一位园艺师培育了一种名为TomTato的新奇植物,它根部长土豆,秧子结小西红柿,令人惊叹不已。然而,在美食家眼里,这种方法太费周章,且无大用。只要给我四季果蔬、五味调料,瞬间就能变换出千番滋味,万种风情,什么嫁接杂交转基因,全都弱爆了。

在怡红快绿、鲜嫩水灵的各色食材面前,美食家仿佛就是主宰万物的上帝(不是皇帝),那感觉比面对粉丝的大V还要好不知多少倍。

果蔬合一新滋味
橙汁冬瓜球

- **主料**：冬瓜 300 克，橙汁 500 克。
- **配料**：果珍 30 克。
- **做法**：

1. 冬瓜用挖球器挖成圆球。
2. 锅内倒入凉水，开锅后放入冬瓜球，煮至断生，捞出沥干水分。
3. 碗内放入果珍，倒入橙汁儿，搅拌均匀。
4. 将搅拌好的橙汁儿倒入装有冬瓜球的碗里浸泡，橙汁儿要没过冬瓜球。
5. 盖上盖子密封，放入冰箱冷藏12个小时即可。

1

2

3

4

5

小叮咛

1. 橙汁里加入果珍，做出来的冬瓜球颜色更漂亮。
2. 煮冬瓜球的时间不要太长，以免影响冬瓜的脆嫩口感。
3. 放入冰箱冷藏后食用，风味更佳。

侄子凡仔从小爱吃猪耳，每遇"顺风"必喜形于色，胃口大开。因为儿子爱吃，哥嫂自然也成了"猪耳高手"，无论香卤还是酱烧，都是信手拈来，手法精到，口味纯正。受这一家子的影响，我对猪耳的做法，也多少有些心得。

猪耳富含胶质，可以滋养皮肤，但它更为人称道的，是那又韧又脆、越嚼越香的独特口感。吃猪耳，以卤后凉拌最为常见，口感也更鲜更脆。卤后猪耳再浸泡 30 分钟，可使其更加入味；切条前先用重物压平，可令成品的外观更加漂亮。

酷爱猪耳的凡仔如今已长成玉树临风的帅小伙，毕业后也来到北京发展了。闲暇时，凡仔也会带着女友来家中小聚，此时，一盘猪耳、几瓶啤酒自然是不会少的。年轻人与姑父相对而坐，一口猪耳，一口啤酒，谈天说地，谈古论今，好不惬意爽快！

柔韧香脆下酒菜
红油猪耳

- **主料**：猪耳1只。
- **配料**：葱15克,姜20克,大蒜10克,花椒5克,大料5克,茴香2克,桂皮3克,香叶1片,香菜1根,盐3克,糖3克,香醋3毫升,红油15毫升,料酒10毫升,老抽10毫升,香油3毫升。
- **做法**：

1. 锅内倒入凉水,放入清洗干净的猪耳,烧开后去除血沫,捞出后用温水清洗干净,再放入开水中,调入盐、花椒、大料、茴香、桂皮、香叶、料酒、老抽,小火将猪耳卤熟。

2. 卤熟的猪耳放在锅内浸泡30分钟。

3. 捞出猪耳,沥干汤汁儿,装入保鲜袋,抚平后趁热压上重物。

4. 将压好的猪耳切成长条。

5. 葱、姜、蒜切成末,香菜切小段,调入盐、糖、香醋、香油和红油,做成调味汁。

6. 将调味汁浇在猪耳上,拌匀即可食用。

小叮咛

1. 猪耳卤熟后,在卤汁中浸泡30分钟,会更加入味。
2. 压制猪耳须趁热,否则切片时会起卷。

墨爸吃东西，素喜单刀直入，痛快淋漓，对那些逶迤婉转、曲尽其妙的吃法，向来缺少耐心，就算是吃肉蘸一下酱汁，也会觉得麻烦。

但是也有例外，比如看见这道酒醉海虾。此菜一上桌，墨爸必先两眼放光，再伸长脖子闻上一番，然后快速夹几个到自己的碗里，生怕别人抢了去。

海虾并无二致，但以花雕和白酒"醉"之，其鲜味便更加酣畅透彻，且伴着若隐若现的酒香。虾之鲜美，酒之醇香，到底谁俘虏了他的心？

此虾"醉"鲜美
酒醉海虾

- **主料：** 海虾 150 克，花雕酒 300 毫升，白酒 10 毫升。
- **配料：** 海鲜豉油 20 毫升，香醋 3 毫升，姜 3 克，糖 3 克。
- **做法：**

  1. 海虾在开水中汆烫至变红，捞出沥干水分。
  2. 将汆好的海虾放进玻璃碗里，倒入花雕酒和白酒，酒要没过海虾。
  3. 盖上盖子，醉制 20 分钟。
  4. 姜切成末，和海鲜豉油、香醋及糖一起拌匀，做成调味汁，以备吃虾时蘸取。

小叮咛

1. 汆烫海虾，时间要短，变红即捞起，以保证口感鲜嫩。
2. 醉虾时，加一点白酒，可使虾更鲜，味更醇。

说起"糟卤",不得不提我的闺密冰冰。有一次,冰冰打来电话,说周末要来家里打扰,还要带一位"神秘嘉宾",让我看看。哼,还神秘嘉宾呢,早听说这家伙谈了个浙江籍的男友,都这时候了,还跟我藏着掖着呢。

抱怨归抱怨,待客的菜谱还得准备。闺蜜吃啥,倒都好说,这位"准姑爷"可不能怠慢了。听说江浙那边爱吃糟卤,何不做一道糟卤鸡翅呢?家里还有鸡翅,超市买回糟卤,一通忙活之后,鸡翅做熟了,倒入糟卤汁,放冰箱冷藏,就等这位浙籍嘉宾上门了。

这次的聚餐自是非常尽兴,一是因为我精心准备的糟卤美味,二是因为那由糟卤而引发的说不完的话题。自那以后,糟卤鸡翅和这位"糟卤姑爷"就成了我家餐桌上的常客了。

江南美味也醉人
糟卤鸡翅

- **主料**：鸡翅中 500 克，糟卤汁 500 毫升。
- **配料**：料酒 10 毫升，葱 15 克，姜 15 克，大料 2 克，桂皮 2 克，香叶 2 片，盐 3 克，红尖椒 3 克。
- **做法**：

1. 将鸡翅清洗干净，并在每一块鸡翅的底部划一小刀。将葱切成段，姜切成片备用。
2. 锅内倒入凉水，放入鸡翅，烧开后去除血沫，捞出后用温水清洗干净，再放入开水中，加入盐、葱段、姜片、大料、桂皮、香叶、料酒，小火将鸡翅煮熟，关火后在卤汁中浸泡 30 分钟。
3. 捞出鸡翅晾凉。
4. 将鸡翅装入玻璃碗里，倒入糟卤汁儿。
5. 盖盖儿密封，放入冰箱冷藏 12 个小时后，取出装盘，用切好的红椒圈点缀即可。

小叮咛

1. 鸡翅煮熟后在卤汁中浸泡 30 分钟，会更加入味。
2. 糟卤汁本身有咸味，卤时不要加太多盐，以免过咸。

"白肉"的吃法据说源自东北的满族人,煮食白肉是萨满祭祀活动的一部分,并有"六月六,煮白肉"的说法。满族的白肉本是不着盐酱的,这一吃法辗转传到蜀地后,四川人在原有烹饪方法的基础上,加入蒜泥调味,就成了今天著名的川菜——蒜泥白肉。

五彩白肉卷又是蒜泥白肉的升级版。以白肉薄片卷红绿鲜蔬而食,在原有鲜香口感的基础上,又多了一份脆嫩和清新,且营养更加丰富,色彩更加艳丽。作为一道肥而不腻、清爽可口的凉菜,夏季用它待客,真是再好不过了。

正是:彩蔬鲜且脆,白肉更醇香,巧手绘春色,盛夏也清凉。

盛夏宴客也清凉
五彩白肉卷

- **主料**：五花肉 250 克。
- **配料**：西芹 20 克，胡萝卜 30 克，红甜椒 15 克，尖椒 10 克，香菜 5 克，葱 15 克，姜 20 克，大蒜 10 克，盐 3 克，糖 3 克，生抽 10 毫升，香醋 5 毫升，香油 3 毫升，红油 5 毫升。
- **做法**：

1. 锅内倒入凉水，加入切好的葱段和姜片，倒入料酒，调入盐，放入清洗干净的五花肉，烧开后去除血沫，捞出后再用温水清洗干净，晾凉。
2. 西芹去老筋，胡萝卜去皮，红甜椒、尖椒去籽，分别切成丝；香菜清洗干净，切小段。
3. 将胡萝卜和西芹丝放入开水中，快速焯烫后，捞出沥干水分。
4. 将切好的五彩丝装入碗里，用盐腌制 5 分钟。
5. 将晾凉的五花肉切成 3 毫米厚的肉片。
6. 用五花肉片卷上五彩丝。
7. 将盐、糖、生抽、香醋、香油、红油和切好的蒜末混合在一起，做成调味汁儿。
8. 将调味汁儿浇在五彩白肉卷上即可。

五花肉切片时，厚度要适中，太厚不容易卷，太薄又容易碎。

记得小时候，我家的院子里每年都会种很多豇豆，我和小伙伴们经常在密密的叶子和长长的豇豆下纳凉、玩耍。有时候，我们还会把豇豆的叶子摘下来，然后用细细的绳子一片一片地串起来，扎好后当毽子踢。这种毽子厚厚的，踢起来有弹性，不伤脚，而且随用随取，是真正的"绿色环保可再生毽"。

每当豇豆成熟时，妈妈都会细心地摘下来，做给孩子们吃，无论是素炒还是凉拌，都是那么脆嫩清爽，好吃下饭。

虽然现在我已离开了那个小院，离开了那座城市，但对伴随我成长的那嫩绿的豇豆依然情有独钟。对我来说，这道姜汁豇豆不仅仅是待客的美味，也是一段美好的回忆和一份感恩的心情。

童年味道最难忘
姜汁豇豆

- **主料**：豇豆 150 克。
- **配料**：姜 30 克，大蒜 20 克，白醋 5 毫升，香油 3 毫升，盐 3 克，糖 2 克，小红椒 2 个。
- **做法**：

1. 姜和大蒜清洗干净，去皮切成末；用压蒜器挤出姜汁和蒜泥，小红椒切成小圈。
2. 豇豆清洗干净，摘去两头筋，放入盐开水中，焯烫至断生。
3. 将焯好的豇豆在凉水中浸泡 2 分钟，捞出沥干水分，再切成长段。
4. 将姜汁儿和蒜泥混合在一起，加入少量清水，调入盐、白醋、糖和香油，搅拌均匀，浇在豇豆上，点缀一些红椒圈即可。

1

2

3

4

小叮咛

1. 焯烫豇豆的时间不要太长，烫过了太软，影响口感。
2. 焯烫豇豆时，水里加点盐，焯后再在凉水里浸泡，可以保持豇豆翠绿的颜色。

小时候到外婆家玩儿，常会在河湾、湖汊或池塘中看到穿梭游动的小鱼，姿态十分优美。小伙伴们告诉我：这是鲫鱼，鲜着呢。每当我提起小时候的鱼故事，墨爸就会"鸡冻"不已，开始滔滔不绝地讲述他童年的种种"传奇"，比如不畏寒冷，在河沟里摸到过多少活鱼云云，常说得眉飞色舞，得意洋洋。彼时这位"骚年"摸起的也大多是鲫鱼，只是他称之为"鲫瓜子"。

这鲫瓜子的确味美，尤其是炖汤喝，会让你认定"鲜"字的左边一定是鲫鱼，而不是别的。鲫鱼汤不但好喝，还有许多实用的功效，比如"下奶"。刚生墨宝那会儿，墨爸几乎天天提鲫鱼回家，熬成奶白色的鲜汤给我喝。那段时间，真感觉把这一辈子的鲫鱼汤都喝完了。

如今，墨宝慢慢长大了，而鲫鱼我还是会常吃，只是换成了又香又酥的炸鲫鱼。这道香酥鲫鱼色泽金黄，香气四溢，酥得连骨头都是入口即化，最适合墨爸这个只会侃鱼不会吃鱼的家伙了。

肉酥骨脆鲫瓜子
香酥鲫鱼

- ▶ **主料**：鲫鱼 400 克。
- ▶ **配料**：植物油 800 克（实耗 100 克），料酒 10 毫升，葱 10 克，姜 10 克，大叶生菜 50 克，盐 5 克，椒盐 15 克，黑胡椒碎 1 克。
- ▶ **做法**：

1. 将鲫鱼宰杀并清洗干净，内外均匀抹盐，反复轻轻揉搓，再放入葱段、姜片、黑胡椒碎和料酒，腌制 1 个小时备用。
2. 鲫鱼腌好后，用厨房纸巾将其水分吸干。
3. 锅内倒入油，烧至六成热，放入鲫鱼，炸至两面金黄酥脆。
4. 捞出鲫鱼沥油，装在铺有大叶生成的盘中，随椒盐碟上桌即食。

① ② ③ ④

小叮咛

1. 炸鲫鱼时，火不能太大，否则容易外熟内生。
2. 鲫鱼尽量选个小的，容易炸至骨刺酥脆。

口感酸甜，色如胭脂，这可不是转基因后的莲藕新品，它是厨房魔术师创造的美食奇迹。

以调和后的蜂蜜、白醋和紫甘蓝为"染料"，为藕片涂上漂亮的粉色，既保持藕的鲜嫩爽脆，又多出一份清凉和酸甜，我想，只有爱美爱生活的人，才会有这样的奇思妙想吧。

每当我将这道酸甜胭脂藕端上家宴的餐桌时，客人们总会投来赞许和艳羡的目光，这一刻，也是作为主人的我感觉最幸福、最骄傲的时候。

见证厨房奇迹
酸甜胭脂藕

- **主料：** 莲藕 250 克，紫甘蓝 40 克。
- **配料：** 盐 3 克，蜂蜜 60 毫升，白醋 10 毫升，水 350 毫升。
- **做法：**

1. 将莲藕清洗干净，切成薄片，浸泡在盐水里待用。
2. 紫甘蓝用盐水浸泡 10 分钟，冲洗干净，撕成小片。
3. 将紫甘蓝放入搅拌机中，倒入纯净水，打成汁儿。
4. 用细筛网滤出紫甘蓝渣。
5. 在紫甘蓝汁儿中倒入白醋。
6. **再倒入蜂蜜**，搅拌均匀。
7. 将藕片放入紫甘蓝汁儿中浸泡。
8. 盖上密封盖，放进冰箱冷藏 3 个小时即可。

小叮咛

1. 藕片放在盐水里浸泡，可防止其变黑。
2. 紫甘蓝越多，莲片的胭脂红就越浓。
3. 莲藕冷藏浸泡的时间可稍长一些，这样不仅口感更脆，颜色也会更漂亮。

中式菜肴的制作技法，以煎、炒、烹、炸最为有名，而随着粤菜的流行，"白灼"一词日益多见于酒楼菜谱，同时也成为家宴菜最常用的做法之一。

粤菜中的"灼"很像北方的"焯"，即以煮滚的水或汤，将生的食物快速烫熟。"灼"的方法又分"原质"和"变质"两种。"原质"而灼，可保持食材的原有鲜味；"变质"灼法则先对食材做腌制等处理，使其更加入味。

灼制的菜肴，具有粤菜美、爽、嫩、滑等特点，而且清淡少油，营养健康。看这道白灼芥蓝，滑嫩爽脆，鲜亮碧绿，实为家宴餐桌上的一道风景。

Part 2 三石做家宴

"灼"出好滋味
白灼芥蓝

- 主料：芥蓝 200 克。
- 配料：红甜椒 15 克,大蒜 15 克,盐 3 克,糖 4 克,生抽 10 毫升,蚝油 3 毫升,醋 3 毫升,植物油 15 毫升。
- 做法：

1. 将芥蓝清洗干净,去掉老叶,用小刀削掉老皮。
2. 将红甜椒和大蒜切成碎末。
3. 锅内加入清水,放入盐,水烧开后放入芥蓝焯烫一下,开锅后迅速捞出芥蓝,沥干水分。
4. 将沥干水分的芥蓝装盘,上面撒上红甜椒末和蒜末。
5. 锅内放入植物油,烧至五成热,调入盐、生抽、蚝油、糖和醋,烧开做成调味汁儿。
6. 将烧好的汁儿倒在芥蓝上即可。

小叮咛

1. 焯芥蓝时在水中加点盐,可保持芥蓝颜色翠绿。
2. 焯芥蓝时水中已经加盐,所以,做调味汁儿的时候盐一定要少放一点,以免过咸。
3. 开锅后马上捞起芥蓝,不要煮太长时间,以免太软,影响口感。

炎热中透出丝丝凉意,花重处飘来缕缕菊香,嗯,没错,秋天来了!

对辛勤耕耘的劳动者来说,秋天是收获果实的季节;对古往今来的文人墨客来说,秋天是感天悯人、抒发情怀的季节;而对所有热爱美食的人来说,秋天则是观赏美景、品尝美味的盛大节日。在这个菊黄蟹肥的季节,邀上三五好友,把酒对月,持蟹赏菊,真是人生的一大乐事。

螃蟹肉质细嫩洁白,膏黄丰满鲜美,富含蛋白质、脂肪及多种矿物质,是养生滋补的上佳之选。吃蟹很讲究季节,有"夏吃尖脐秋吃圆"的说法。因此,秋天吃蟹,应以肉肥黄多的圆脐雌蟹为首选。吃蟹更注重新鲜,一定要买活蟹,并尽快食用,否则,蟹体内积累的毒素就有可能危害人的身体健康。

螃蟹的吃法,以清蒸蘸食最为常见;而以姜葱炒之,则可去腥增香,提鲜增色。炒好的螃蟹,红白相间,煞是好看,令人平添几分食欲。

又是菊黄蟹肥时
葱姜炒蟹

▶ **主料：** 肉蟹3只。

▶ **配料：** 植物油40毫升，料酒10毫升，姜30克，小葱30克，盐2克。

▶ **做法：**

1. 肉蟹去鳃，用干净的牙刷在流水下刷掉蟹鳃处的泥沙，再用刀去掉蟹壳。
2. 从中部下刀，将螃蟹切成两半。
3. 将小葱切成段，姜切成片。
4. 锅内倒入油，烧至六成热，放入肉蟹，调入料酒，煸炒至肉蟹变成红色，盛起装盘。
5. 用锅内余油，爆香姜片。
6. 再放入蟹肉一起煸炒1分钟。
7. 最后放入小葱段，调入盐，煸炒至小葱变软即可。

小叮咛

1. 姜片要充分煸炒，使其溢出香味。
2. 蟹肉不要炒太长时间，以免影响其细嫩程度。

摆宴待客，总少不了几道拿得出手的大菜硬菜，糖醋排骨就是备选的菜品之一。排骨肉厚实细嫩，瘦肉周边带一点软筋和肥脂，嚼劲好，口感佳。以糖醋烧肋排，更是红亮油润，酸甜嫩脆，香味醇厚，诱人食欲。

对于无肉不欢的墨爸来说，糖醋排骨也是他的大爱之一。每当我做糖醋排骨时，墨爸总会买一瓶啤酒回来，吃一块排骨肉，吹一口冰啤酒，颇有几分豪爽之气。见此情景，墨宝就会想起他最爱玩的手机游戏，并指着爸爸大声说："本本狗，本本狗！"乐得我在一旁捧腹不止。

味重香浓主打菜
糖醋排骨

- **主料：** 猪肋排 400 克。
- **配料：** 植物油 800 毫升（实耗 100 毫升），料酒 10 毫升，香醋 30 毫升，冰糖 20 克，盐 4 克，葱 20 克，姜 30 克，白芝麻 2 克。
- **做法：**

1. 将猪肋排在清水里浸泡 2 个小时，去除血沫和杂质，浸泡中途换几遍水。
2. 将处理干净后的排骨用盐、料酒、葱段和姜片抓拌均匀，腌制 30 分钟。
3. 用厨房纸巾吸干排骨上的水分。
4. 锅内倒入油烧至五成热，放入猪肋排，炸至八成熟。
5. 将炸好的排骨捞出沥油。
6. 炒锅内放入油和冰糖，用小火慢慢熬成红亮的糖色。
7. 倒入炸好的排骨，翻炒均匀。
8. 加入开水，盖上锅盖，中小火焖 40 分钟，待排骨熟透，淋入香醋，大火收汁，让每个排骨上都裹上糖醋汁，盛出装盘，撒上白芝麻即可食用。

小叮咛

1. 炸排骨之前，用厨房纸巾吸干水分，以免溅油。
2. 炸排骨时不可大火，以防外熟内生。
3. 熬冰糖时一定要小火，否则会糊锅。
4. 炖排骨过程中，水尽量一次加足，中途如果要补水的话，一定要补开水，避免排骨遇冷收紧，影响口感。

可乐是肇始于美国的著名软饮料,鸡翅也是西餐中最常用的食材之一,但可乐鸡翅这道菜却是中国人首创的。传统的中式烧鸡翅常以焦糖色为调料,后来,山东济南的一家餐厅发现,用可乐烧鸡翅更方便,味道也更好,于是,可乐鸡翅诞生了,并从此风靡全球。

可乐鸡翅味道鲜美,色泽艳丽,口感嫩滑,更散发着可乐的特殊香气。常有海外回来的朋友说,这道菜在西方也深受食客们的青睐,说它是地球人都爱吃的菜肴,真是一点也不夸张。

取材容易,制作简单,营养丰富,色泽诱人,可乐鸡翅已成为中西方家宴菜中共同的主角。

Part 2 三石做 家宴

地球人都爱吃的美味
可乐鸡翅

- 主料：鸡翅 300 克，可乐 1 罐。
- 配料：植物油 20 毫升，生抽 10 毫升，葱 3 克，姜 5 克，蒜 4 克。
- 做法：

1. 将鸡翅清洗干净，在每一块鸡翅的底部划一小刀。

2. 用厨房纸巾吸干鸡翅上的水分。
3. 锅中放入植物油，烧至五成热，放入鸡翅，煎至两面金黄。
4. 放入葱、姜、蒜和生抽，倒入可乐并使之没过鸡翅，大火烧开，再转小火焖 15 分钟。
5. 最后大火收汁儿，盛出装盘即可。

小叮咛

1. 可乐鸡翅以甜味为主，做的过程中就不要放盐了。
2. 煎鸡翅的过程中，鸡翅本身会渗出很多油，所以煎之前要少放油，以免太油腻。
3. 使用生抽做出来的鸡翅颜色会更靓丽。
4. 在鸡翅的底部划刀，不仅入味，还可以使鸡翅的外观更漂亮。

百合花色彩艳丽,姿态典雅,香气宜人,深受大家的喜爱。百合的根茎同样也是一宝,因其由许多肉质鳞叶紧紧抱合而成,故得名"百合"。看那片片鳞叶,晶莹剔透,洁白如玉,尝一口细腻清甜,别具风味。百合还有润肺止咳、宁心安神、美容养颜等多种功效,既可入药,又可入菜。

百年好合,永结同心。百合成就了无数佳偶,而她自己也有一位如意郎君,那就是西芹。西芹性凉味甘,有促进食欲、降压健脑等多种功效,与百合堪称天生一对。西芹绿得清新,百合白得素雅,再缀一点红红的甜椒,真是造化天成,美不胜收。

如果你的客人里有青春女性或新婚伉俪,那这道寓意美好、健康入眼的西芹百合,实是家宴菜单的不错选择。

天成佳偶别样香
西芹百合

- **主料**：西芹 250 克，鲜百合 100 克。
- **配料**：植物油 30 毫升，红甜椒 20 克，盐 2 克，鸡粉 2 克。
- **做法**：

1. 西芹洗净，摘去表面的老筋，斜刀切段；红甜椒斜刀切段；鲜百合一瓣一瓣地剥开，洗净沥干。
2. 炒锅内放入油，烧至七成热，放入西芹略炒一会儿，加入百合。
3. 继续炒至百合边缘变透明，加入红甜椒，调入盐和鸡粉，翻炒均匀即可。

小叮咛

1. 选购西芹时，以细嫩者为佳。
2. 百合剥开后容易氧化变黑，应及时入锅烹炒。
3. 炒百合的时间不宜过长，炒至百合边缘变透明即可。

荷兰豆是豌豆的一种，属于"软荚豌豆"。豌豆大多是吃豆的，比如"春笋豌豆"中那点点的碧绿，而荷兰豆则是以食嫩荚为主的。荷兰豆虽以"荷兰"为名，但与荷兰并无太大的关系。有趣的是，在荷兰，这种豆子则常被称为"中国豆"（Chinese pea）。或许，外来的豆子总是更好吃一些吧。

荷兰豆与牛柳也是一对绝佳的搭配。前者碧绿爽脆，后者鲜润嫩滑；一个益脾和胃、生津止渴，一个补中益气、强健筋骨。炒好的牛柳荷兰豆，光泽照人，香气四溢，为整桌的家宴菜增色不少。

嫩滑爽脆巧搭配
牛柳荷兰豆

- **主料**：牛里脊 200 克，荷兰豆 150 克。
- **配料**：植物油 30 毫升，生抽 10 毫升，料酒 5 毫升，葱 5 克，姜 5 克，盐 3 克，淀粉 3 克。
- **做法**：

1. 牛里脊切成薄片，用生抽、料酒和淀粉抓拌均匀，腌制 20 分钟。
2. 荷兰豆清洗干净，摘去老筋，放入盐开水中，焯烫断生，捞出后沥干水分。
3. 炒锅内放入油，烧至七成热，爆香葱姜，放入牛里脊片，滑炒至八成熟，盛出装盘。
4. 用锅内底油，将荷兰豆煸炒半分钟，调入盐。
5. 接着倒入牛里脊片，翻炒均匀即可。

小叮咛

1. 牛里脊需要大火快炒才能保持其鲜嫩的口感。
2. 荷兰豆煸炒时间也不要过长，炒得太软，会失去清脆的口感。

早春时节,万物复苏,一畦新韭,破土而出。小时候,总喜欢陪妈妈去剪园子里的头茬韭菜,一路跑跑颠颠,心里揣着一份激动和欣喜。妈妈剪完韭菜回屋做饭,而我还在原地,伸长脖子,反复去闻那清新浓郁的韭香,迟迟不愿离开。

　　"夜雨剪春韭,新炊间黄粱。"杜甫大师告诉我们,早在唐代,韭菜就是招待客人的佳品。岁月绵延,朝代更迭,中国人对韭菜的喜爱却从未改变。韭菜豆芽,一绿一白,相映成趣,一样的鲜嫩,一样的滋养,为家宴的餐桌平添了几分春天的气息。

春初新韭待客来
韭菜银芽

- **主料**：韭菜 150 克，绿豆芽 350 克。
- **配料**：植物油 30 毫升，生抽 10 毫升，米醋 5 毫升，盐 2 克，糖 5 克，鸡粉 2 克。
- **做法**：

  1. 韭菜择洗干净，沥干水分，切成长段。
  2. 绿豆芽淘洗干净，放入开水中焯烫 1 分钟，捞出沥干水分。
  3. 锅内倒入植物油，烧至七成热，倒入沥干水分的绿豆芽，煸炒至豆芽稍软，放入韭菜段。
  4. 待韭菜也变软，调入盐、生抽、米醋、糖和鸡粉，翻炒均匀即可。

小叮咛

1. 豆芽炒之前用开水焯烫一下，可以去除豆腥味。
2. 豆芽需要大火快炒，以保持脆嫩感。

苋菜，在我们湖北被称为"汗菜"，有红苋、绿苋等多种，尤以红苋最为常见。可以说，我是从小吃着苋菜长大的，百菜之中，对苋菜独有一份偏爱。小时候，每到四月初，新鲜的苋菜就会陆续上市，红红的茎干，紫绿的叶子，上面还挂着水珠，煞是好看。苋菜可炒、可炝、可拌，还可做汤，口感鲜嫩甘甜，令人爱不释口。

苋菜富含蛋白质、脂肪、碳水化合物及多种维生素和矿物质。其所含的蛋白质比牛奶更易被人体吸收，所含胡萝卜素比茄果类高2倍以上。苋菜中铁的含量是菠菜的1倍，钙的含量则是菠菜的3倍，实为鲜蔬中的佼佼者。

苋菜的精华，多在煮出来的红汤中。这红汤不但色泽鲜艳，而且有去除黑色素及暗疮的功效，长期食用，可以使皮肤更滑溜、更白皙。如果你宴请的客人中有年轻的女性，那就做一份好吃又养颜的蒜蓉苋菜吧！

最忆童年那抹红
蒜蓉红苋

- 主料：红苋菜 200 克，大蒜 40 克。
- 配料：植物油 25 毫升，生抽 5 毫升，盐 2 克，糖 3 克。
- 做法：

1. 将红苋菜的老根和烂叶摘掉，用流水反复冲洗干净，再在清水里浸泡 10 分钟，捞出沥干水分。
2. 先将大蒜切成末，再用蒜锤捣成蒜蓉。
3. 炒锅内倒入油，烧至七成热，放入红苋菜，调入盐、生抽和糖，炒至苋菜稍微变软。
4. 倒入蒜蓉，翻炒 1 分钟即可出锅。

小叮咛

1. 红苋菜带有很多泥土，要反复清洗几次才干净。
2. 摘苋菜时，一定要去掉老根。
3. 炒苋菜的汤具有美容功效，千万不要倒掉，拌在米饭里，就成了好吃又好看的胭脂饭了。

春雨过后，破土而出，清新水灵、生机勃勃，这就是竹笋！小时候，妈妈常说：小孩子在竹林的平地上方便，不小心会被笋尖扎到屁股，可见竹笋的生长有多快。

笋是竹的嫩芽，是整个植物机体活动最旺盛的部分。它身上汇聚了江南大地的灵气，口感脆嫩，味道鲜美，清雅隽永，被誉为"素食之王"，更有"尝鲜无不道春笋"的说法。

东坡先生曾说："无竹则俗，无肉则瘦。"在满是大鱼大肉的家宴餐桌上，来一盘洁白翠绿、鲜嫩爽口的春笋豌豆，是不是多了几分清新和雅致呢？

清新鲜嫩素食王
春笋豌豆

- **主料：** 春笋 150 克，豌豆 50 克。
- **配料：** 植物油 20 毫升，熟猪油 3 毫升，生抽 10 毫升，盐 3 克，鸡粉 1.5 克。
- **做法：**

1. 将春笋清洗干净，切成小方丁。锅内倒入清水并加盐，水烧开后放入春笋丁，焯烫 1 分钟，捞出沥干水分。
2. 将豌豆在加盐的开水中焯烫 2 分钟，捞出沥干水分。
3. 锅内放入植物油和熟猪油，烧至七成热，倒入春笋丁，煸炒 1 分钟，调入生抽，煸炒半分钟。
4. 接着倒入沥干水分的豌豆，快速煸炒 1 分钟，最后调入盐和鸡粉，翻炒均匀即可出锅。

小叮咛

1. 煸炒之前，一定要将春笋在盐开水里焯烫一下，这样不仅可以去除草酸，而且做出来的春笋无涩感，味道更鲜美。
2. 焯豌豆时，在水中加点盐，可保持豌豆颜色翠绿。
3. 豌豆焯水时，可以多煮一小会儿，这样处理的豌豆更容易炒熟。
4. 做素菜时，放入一点熟猪油，菜会更香。但不要放太多，避免油腻。

鲷鱼又名加吉鱼,有吉祥吉利之意,相传这个名字还是唐太宗亲赐的呢。

俺家爱吃鲷鱼,可不光是为了讨个好口彩,这里面还有一个背景故事呢。话说有一次,我做了一个红烧鲫鱼,色香味俱佳(有点自夸哈),墨爸先按惯例赞赏一番,随后开始狼吞虎咽。怎料乐极生悲,一根鱼刺卡在了嗓子里,着实体验了一把"如鲠在喉"的滋味。为了"一吐为快",墨爸又是喝醋,又是吞馒头,折腾了半天,还是无济于事。得,没辙了,赶紧去医院吧。那天正好赶上一个手脚麻利的大夫,拿起镊子,以迅雷不及掩耳之势,快速将鱼刺夹出,随后递过一个单子,说道:"交费去吧,76元。"墨爸回家后不禁感叹:"一条鲫鱼才十几块钱,拔个刺儿76元,这鱼吃得有点冤。"有了这次的教训,我就开始尝试多做一些肉多刺儿少的鱼,鲷鱼就是其中的一种。

香煎鲷鱼金黄油亮,细嫩鲜美,而且刺少肉多,寓意吉祥,完全可以胜任家宴中主打菜的角色。

细腻鲜美吉祥菜
香煎鲷鱼

- **主料**：冰冻鲷鱼 400 克。
- **配料**：植物油 25 毫升，生抽 10 毫升，料酒 10 毫升，柠檬半个，盐 2 克，葱 10 克，姜 20 克，胡椒碎 2 克。
- **做法**：

1. 将冰冻鲷鱼自然解冻，洗净后切成块，用盐、生抽、料酒、葱、姜将鲷鱼拌均匀，腌制 20 分钟。

2. 用厨房纸巾吸干腌后鱼块中的水分。平锅内倒入油，烧至五成热，放入鲷鱼，小火煎至两面金黄，盛出装盘。

3. 在煎好的鲷鱼块上撒上胡椒碎。

4. 最后挤上柠檬汁即可食用。

小叮咛

1. 鲷鱼煎之前，一定要先腌一会儿，让其充分入味。

2. 鲷鱼入油前，用厨房纸巾吸干鱼块上的水分，以免溅油。

3. 煎鲷鱼的时候，一定要小火慢煎。

老家有一种叫"篙芭"的蔬菜,又白又嫩,甜美可口,我打小就非常爱吃。一直以为篙芭长在地上,直到后来去了城郊同学家的池塘,才知道这白白净净的东西是生在水里的。再后来离开家乡,方知道这种美味更多地被称作"茭白"。再再后来,我从书上获知,茭白古时称"菰",是那时的六谷之一,原本不是蔬菜。

白嫩爽滑,富含营养,美味可口,这道鸡丝茭白真可谓是家宴餐桌上的"白富美"!

餐桌上的白富美
鸡丝茭白

- **主料**：鸡胸肉 150 克，茭白 200 克。
- **配料**：植物油 30 毫升，料酒 10 毫升，红甜椒 50 克，黄甜椒 50 克，淀粉 15 克，盐 2 克。
- **做法**：

1. 将鸡胸肉的筋膜去掉，切成细丝，用盐、淀粉和料酒抓拌均匀，腌制 15 分钟。
2. 将茭白去除老皮，切成细丝；红甜椒和黄甜椒也分别切成细丝。
3. 锅内放入油，烧至六成热，倒入鸡肉丝，炒至鸡肉颜色变白，盛起装盘。
4. 用锅内底油，将茭白丝炒至稍软，加入红黄甜椒丝。
5. 调入生抽和盐，翻炒 1 分钟。
6. 最后倒入鸡肉丝，快速翻炒均匀即可。

小叮咛

鸡肉煸炒时间不能过长，否则口感会变柴。

带鱼体肥肉嫩、味道鲜美,是深受大家喜爱的一种海洋鱼类。在俺家,带鱼更几乎是墨爸的"御用鱼类",因为它除了中间一条大骨,几乎无其他细刺,吃起来非常方便。自打发生了那次"卡刺就医"事件,带鱼、鲳鱼等海鱼就基本替代了细刺儿较多的河鱼,成了四季餐桌的主角之一。

每当友人来访,待客的家宴中更是少不了鱼类,而要开胃下饭,引爆食欲,没有比这道香辣带鱼更好的了。热油中倒入葱、姜、花椒等调料,"滋滋"声中,镬气尽出。葱香、椒香混着带鱼的鲜香之味,挤过厨房门缝,飘向客厅餐桌,来宾们虽未见菜,却已垂涎不止了。

香到极致辣到爆
香辣带鱼

- **主料**：带鱼 500 克。
- **配料**：植物油 30 毫升,生抽 10 毫升,白酒 10 毫升,盐 3 克,糖 5 克,鲜红辣椒 35 克,葱 20 克,姜 25 克,大蒜 20 克,花椒 5 克,大料 2 克。
- **做法**：

1. 将带鱼清洗干净,切成段,用盐、生抽和白酒拌匀,腌制 30 分钟。
2. 葱切段,姜切片,大蒜拍碎。
3. 煎锅内倒入油,烧至五成热,放入带鱼,用小火煎至两面金黄。
4. 另起一个锅,倒入油,烧至七成热,放入葱、姜、蒜、花椒和大料,炒出香味,搁入煎好的鱼块。
5. 加入开水,调入盐和白糖,转中小火炖 20 分钟,最后大火收汁儿即可。

小叮咛

1. 煎带鱼不碎的小窍门:小火煎鱼,煎至一面金黄再翻面,不要老去翻动,无需再拍淀粉或挂鸡蛋糊。
2. 带鱼去腥的小窍门:用白酒和姜片腌制带鱼就可以了。

墨爸是北方人，我吃着长大的很多蔬菜，他小时候甚至都没有听说过，莴笋就是其中之一。记得新婚下厨，我把买来的莴笋交他处理，他先掰下叶子，然后果断地把笋薹扔掉了，害得我不知该哭还是该笑。笋薹其貌不扬，皮厚且硬，层层削开后，才知道肉质是那么脆嫩水灵，鲜美可口，这一点和某人还真有点像呢。

莴笋吃法很多，凉拌热炒皆宜，而这道肉酱莴笋丝更是色味双绝，独具特色。笋丝碧绿爽口，肉酱色重香浓，望一眼、闻一下就会令人垂涎不止，再一起拌到饭里，更是令人胃口大开，不忍停箸，不知不觉间，一碗米饭已经见底了。

鲜香水嫩饭遭殃
肉酱莴笋丝

- **主料**：莴笋 300 克，鲜香菇 50 克，猪肉末 100 克。
- **配料**：植物油 30 毫升，生抽 5 毫升，料酒 3 毫升，盐 2 克，淀粉 5 克。
- **做法**：

1. 莴笋去皮，清洗干净，切成细丝。鲜香菇去根，清洗干净，切成末。
2. 用清水将淀粉稀释成汁儿。
3. 炒锅内倒入油，烧至七成热，放入肉末和香菇末，调入盐、生抽和淀粉汁儿，快速翻炒均匀，做成肉酱盛出装盘。
4. 将锅清洗干净，倒入油，烧至七成热，放入莴笋丝，调入盐，快速炒熟，盛出装盘。
5. 将肉酱放在莴笋丝上，吃时拌匀即可。

小叮咛

1. 莴笋需大火快炒，以保持其清脆口感。
2. 因炒肉酱时已经加盐了，所以炒莴笋时要少加盐，以免味道太咸。

茄子憨态可掬、厚道朴实,摆在五颜六色的菜摊上,很不起眼。虽然紫色的外皮在蔬菜中也算是稀少和珍贵的了,但它却不会像红黄彩椒那样显摆。尽管貌不惊人,但茄子却是百味百搭,荤素皆宜,怎么做都好吃。低调但有内涵,物美却又价廉,难怪茄子那么为百姓所喜闻乐见了。有些时候,人们甚至会一起高喊它的名字,可见茄子的魅力确实非同一般。

　　茄子入菜的妙处,在于其强大的亲和力,能和各种调味料打成一片。无论是煎炒烹炸还是凉拌,茄子都能吸纳五味的精华,并将其推向极致,而这苦辣酸甜咸诸味,也因沾了茄香而变得不同寻常。鱼香茄子、酱烧茄子、蒜泥茄子,无一不是五味调和、温润养人的烹饪佳品。

　　今天待客的这道剁椒蒸茄子做法新颖别致,却也深得茄子菜的精髓。茄条先以油轻炸,浸入香味却不会吸油太多,淋上剁椒后蒸熟,既锁住了营养成分又保持了靓丽外形。剁椒的鲜香甜辣之味尽入茄中,吃一口顿觉酣畅淋漓,胃口大开。

　　碗光盘净,酒足饭饱,大家合个影吧。来,笑一个——"茄子!"

Part 2 三石做家宴

五味尽纳茄香中
剁椒蒸茄子

- 主料：茄子1个，剁椒20克。
- 配料：大蒜10克，盐2克，香油5毫升。
- 做法：

1. 将茄子清洗干净，去皮，切成长条，放在盐水中浸泡10分钟，捞出沥干水分。
2. 锅内倒入油，烧至六成热，放入茄条，炸至茄子微微变软。
3. 捞出茄条沥油，调入盐，搅拌均匀，装入盘中。
4. 将大蒜去皮，切成碎粒，和剁椒一起铺在茄子上面。
5. 锅内倒入清水，烧开后，大火蒸8分钟，淋入烧热的香油即可。

①

② ③ ④ ⑤

小叮咛

1. 切好的茄子浸泡在盐水中，可防止其变黑。
2. 茄子炸过后再蒸，口感更软嫩。
3. 剁椒本身比较咸，拌茄子的时候不要放过多盐。

大凡上一点档次的酒店餐厅，都会提供两本菜单。一本是普通的点菜单，厚一些；另一本是"海鲜单"，虽然相对轻薄，但那里面的标价却绝对是重量级的。对于我们这样的工薪消费者来说，有那本厚的就够了，"海鲜单"基本不会去翻，那是留给"土豪们"的。

有一次和墨爸去外面吃饭，那家餐厅竟只有一本菜单。点了两个家常菜之后，墨爸像发现了新大陆一样，兴奋地说："来份扇贝吧，才29元呢。"我接过菜单一看，差点没把嘴里的大麦茶喷出来："您老看清楚了吗？那是1只的价格好不好！"墨爸一听，脸色立刻成了红绿彩椒，别提多尴尬了。

为了安抚墨爸受伤的心，我第二天就去了超市。还真有不错的扇贝，也是按只卖，每只1.5元。我挑了6只回来，配着家里的豆豉和粉丝，一道豉汁蒸扇贝很快就做好了。扇贝鲜嫩，粉丝劲道，和着豉香和蒜香，吃起来别提多美了。看那外观，也是姹紫嫣红，妩媚妖娆，想着哪天摆到家宴的餐桌上，那得多提气啊。

自掏腰包，自己动手，这扇贝不但美味健康，吃着心里也坦然，不怕有人来敲门。

Part 2 三石做家宴

姹紫嫣红谁家宴
豉汁蒸扇贝

- **主料：** 扇贝6只，粉丝50克。
- **配料：** 干豆豉15克，红甜椒10克，青椒10克，大蒜10克，香菜1根，香油5毫升。
- **做法：**

1. 在流水下用刷子将扇贝的外壳刷洗干净，掰开外壳，用刀取出扇贝肉，接着将扇贝壳内侧也刷洗干净备用。

2. 用手挤出扇贝的黑沙包。

3. 将粉丝泡在温水中。青红椒洗净，去蒂去籽，切成小粒；大蒜去皮，切成小粒；香菜洗净，切成小粒。

4. 将泡软的粉丝剪断，用手指绕成圈，放入扇贝壳里，再把扇贝肉放在粉丝上。

5. 将干豆豉、蒜末和清水放入碗中，搅拌均匀后淋在扇贝上。

6. 锅内加清水，放入扇贝，水开后大火蒸10分钟。

7. 取出蒸好的扇贝，撒上青红椒和香菜碎，淋入烧热的香油即可。

小叮咛

1. 扇贝一定要清洗干净，去掉黑沙包。
2. 干豆豉比较咸，调汁儿时不用再加盐了。

孔雀开屏雍容典雅，华美斑斓，那是自然界最动人的瞬间之一，被人们赋予了吉祥和富贵的寓意。清代宫廷画家郎世宁有名画《孔雀开屏图》传世，画中展现了繁花似锦的庭院里，一只雄孔雀正展开美丽的尾羽，向另一只雄孔雀炫耀的场景。画中的孔雀华冠高挺，修颈昂扬，翎羽舒展，美艳绝伦，透射着百鸟之王的孤傲之气。

相比郎世宁的画作，白族舞蹈家杨丽萍的孔雀舞则更为今人所知。杨丽萍是一位用灵魂在跳舞、用生命在表达的舞蹈诗人，她用柔软的腰肢、灵活的手指和轻盈的双脚，舞出了孔雀的千般姿态、万种风情，时而高贵优雅，时而恬静柔美，时而轻快灵动，尤其是那彩屏尽开的瞬间，更是美得令人窒息。

在美的表达上，艺术家各尽其妙，而美食家也是不遑多让。看这道开屏武昌鱼，只寥寥几刀，轻轻一弯，一扇美丽的雀屏就近在眼前了。舞动的孔雀常在除夕的荧屏上，开屏的鳊鱼多在春节的餐桌上，同样的富贵和吉祥，一个美得不食人间烟火，一个因一点人间烟火而更美、更鲜。

富贵吉祥雀屏开
开屏武昌鱼

- **主料**：武昌鱼 650 克。
- **配料**：盐 2 克,大葱 10 克,姜 15 克,白胡椒粉 2 克,小葱 2 克,红尖椒 2 克,蒸鱼豉油 15 毫升,料酒 10 毫升,香油 5 毫升。
- **做法**：

1. 将武昌鱼去鳞,去鳍,切掉鱼头和鱼尾,顺着鱼头处的刀口,将里面的内脏掏出,再将鱼清洗干净。
2. 从鱼的背部将鱼切成均匀的宽条,鱼肚部分不要切断。
3. 将切好的鱼放入盆中,加入姜片、葱段、盐、料酒、白胡椒粉,用手轻轻揉搓,让其充分入味,腌制 15 分钟。
4. 鱼腌好后取出,以扇形摆放在盘中,鱼头摆在扇形的中心点,鱼尾不用,再将切好的小葱花和辣椒圈铺在鱼身上。
5. 锅内倒入清水,烧开后将鱼放入,淋入蒸鱼豉油,大火蒸 8 分钟后关火,不打开盖子,继续焖 2 分钟取出。
6. 锅内倒入香油,烧热后淋在鱼身上即可。

小叮咛

1. 武昌鱼即鳊鱼,因体型平扁,更适合开屏。
2. 选择食材时,一般选小一点的来蒸,600 克的鱼就很不错,肉质细嫩,且容易入味。

对好客的主人来说,家宴的荤素如何合理搭配常是令人头疼的问题。大鱼大肉固然显得热情隆重,但客人吃多了也腻啊,说不定回去后还要上火起泡呢。然而,要将素菜做得高端大气、有形有样、有滋有味又谈何容易呢?

今天的这道粉丝娃娃菜或许能给我们一些启示呢。娃娃菜有人说是源于日本,有人说是来自韩国。因此,虽是微缩版的大白菜,营养成分也差不多,但因出身不同,娃娃菜的身价也自然就高了不少。以蒸法制之,再配上红绿甜椒,外形上又胜出一筹。娃娃菜混搭粉丝,口感劲道弹牙、嫩滑水灵,正可解腻。出身名门、清秀俊逸、体贴可人,这道粉丝娃娃菜能逆袭一桌的鸡鸭鱼肉就一点不奇怪了。

只要处处用心,你就不会被家宴餐桌上七荤八素的搭配问题搞得七荤八素了。

小菜娃娃大逆袭
粉丝娃娃菜

- ▶ **主料**：娃娃菜 1 棵，粉丝 100 克。
- ▶ **配料**：植物油 10 毫升，香油 5 毫升，大蒜 30 克，青椒 5 克，红甜椒 10 克，盐 2 克。
- ▶ **做法**：

1. 粉丝放进温水，泡软后捞出沥干水分，取其中的 2/3 铺在盘子上。
2. 娃娃菜清洗干净，切成 8 片，放进开水中焯烫断生，捞出沥干水分。
3. 将焯好的娃娃菜摆在粉丝上面，在娃娃菜上面再摆上剩下的粉丝。
4. 将大蒜、青椒和红椒分别切成碎粒。
5. 锅内倒入油，烧至七成热，放入蒜粒、青红椒粒，调入盐爆香，盛出铺在粉丝娃娃菜上面。
6. 锅内倒入水，放入粉丝娃娃菜，开锅后蒸 8 分钟。
7. 取出蒸好的粉丝娃娃菜，淋入烧热的香油即可。

① ②

③ ④ ⑤ ⑥ ⑦

小叮咛

1. 娃娃菜焯烫至断生即可，时间不要太久。
2. 蒜蓉爆一下，可使菜味更香。

那天，我自己琢磨出了一道蒸菜，感觉味道不错，就把墨爸叫了过来："你猜猜，这是用什么做的？"墨爸咬了一口，又咂摸半天，还是一脸的困惑："土豆？山药？都不对啊……那啥，你先告诉我，这是主食还是菜吧！"

也真难为墨爸了，三种食材混在一起，其中还有他至今也认不清的芋头，怎么能猜得出来呢？何况，这细软绵香的芋头还是其中的主角呢，配上土豆是为了中和其黏，搭点胡萝卜是为了丰富其色。芋头多种植在南方，我小时候常煮来蘸糖吃，细腻香甜，非常可口。墨爸出生在冰天雪地的北国，儿时的记忆里只有白菜、萝卜、土豆啥的，什么莲藕、茭白、山药，小时候一概没见过。直到现在，墨爸看到芋头还常说是荸荠呢，我一般也懒得去纠正他。

面对墨爸的反问，我只好说："好吃就行。你馋了它就是菜，你饿了它就是主食。"至于香芋什么的，还是省省吧，说了他也不明白。

巧手调出香甜球
香芋土豆球

- **主料**：芋头5个,土豆2个,胡萝卜半根。
- **配料**：糖20克,糖桂花15毫升。
- **做法**：

1. 将芋头、土豆和胡萝卜清洗干净,放入蒸锅内,蒸至软熟。

2. 将芋头、土豆和胡萝卜分别去皮,用土豆捣碎器压成泥后,加入糖搅拌均匀。
3. 将香芋土豆泥揉成圆球。
4. 将揉好的圆球全部放入盘中。
5. 淋上糖桂花即可食用。

小叮咛

1. 芋头煮熟后比较黏,里面加入土豆可以降低黏度,揉起来不黏手,容易成形,同时口感也更丰富。
2. 加入胡萝卜,可以使香芋土豆球的颜色更靓丽。

红豆莲子南瓜盅是这两年我家餐桌上出镜率最高的菜品之一,因为它不但营养健康,而且香甜软糯,墨姥特别爱吃。

打听说我怀孕的那一天起,妈妈就经常从老家打来电话,说要来北京照看我。老人家已经亲手带大了两个外孙,如今年事已高,身体也不再像从前那般硬朗,应该好好歇歇,颐养天年了。想到这些,我就一再推托,怎奈还是拗不过她老人家。

老妈这一来就是两年多,从照顾女儿到看管外孙,贪黑起早,一刻也没有停止过忙碌。如今,墨宝已是每天姥姥长姥姥短的小大人儿,而姥姥的步伐却越来越跟不上小外孙了。妈妈为儿女、为孙辈呕心沥血,日夜操劳,而我似乎今天才体会到母爱的伟大和亲情的光辉。养儿方知父母恩,我想,这也是墨宝给我带来的一个转变吧。

慢慢地,我开始刻意在炒菜的时候少放一点盐,在蒸饭的时候多加一点水,外出时给墨姥带一点小小礼物回来,闲暇时听老妈唠一唠家长里短、陈年往事……为老人做一些小小的改变,虽看似微不足道,却能温暖人心,照亮生命。

爱在香甜软糯中
红豆莲子南瓜盅

- 主料：南瓜 1 个，红豆 200 克，莲子 50 克。
- 配料：冰糖 25 克。
- 做法：

1. 高压锅内先加清水，再倒入清洗干净的红豆，加入冰糖熬至红豆软烂。莲子清洗干净，放入锅内煮熟备用。
2. 南瓜清洗干净，在三分之二处切开，去掉籽和瓤，用小刀将南瓜切成锯齿状。
3. 将煮好的红豆和莲子捞出，沥干汤汁，放入南瓜中，再放入蒸锅，开锅后蒸 10 分钟即可。

小叮咛

1. 红豆和莲子不易煮烂，需要事先煮熟。
2. 蒸南瓜的时间不宜太长，以保持南瓜完美的造型。
3. 此菜香甜软糯，非常适合老人食用。

我家厨房的柜子里有一套精致的竹制小笼屉,平时用软布盖着,一尘不染。每次看到我把竹屉拿出来备用,墨爸总会问:"又做三蒸,是哪位贵客要来?"

墨爸说的"三蒸"就是我老家湖北的名菜"沔阳三蒸"。这道菜发祥于沔阳,名扬于天下,堪称荆楚美食中的一朵奇葩。沔阳三蒸的精髓,在于以简单的方法和朴素的调料,蒸出食材的原汁原味,既鲜美可口又清淡健康,这正与现代人的饮食理念相吻合。

沔阳人称"蒸菜之乡",有"无菜不蒸"的习俗,而在各种蒸法当中,我则更偏爱这道素三蒸。它以特制的米粉锁住了蔬菜的青鲜,同时使其浸入米粉的香味,口感令人叫绝。在今天这三样蒸菜当中,我喜欢莲藕的粉糯和南瓜的绵甜,而墨爸则多为茼蒿的青葱绿意所吸引。

以小竹笼做三蒸,在菜蔬的活色生香之外,又为餐桌添了一份田园诗意,同时也更显出主人的郑重与热情。因此,每当客人散尽,这竹屉就会被我洗净擦干,入柜珍藏,静待下一次客人的到来。

Part 2 三石做家宴

美食奇葩在沔阳
素三蒸

- 主料：南瓜 150 克，莲藕 150 克，茼蒿 150 克，大米 150 克。
- 配料：花椒 1 克，大料 1 克，干辣椒 1 克，盐 2 克，糖 3 克，熟猪油 15 克，凉开水 15 毫升。
- 做法：

1. 将大米倒入锅内，加入花椒、大料、干辣椒。
2. 小火将米炒至金黄色，盛出晾凉。
3. 将晾凉的炒米倒入榨汁机的研磨器里，打成米粉备用。
4. 南瓜去皮去籽去瓤，切成条状；莲藕去蒂去皮，切成长条，在盐水里浸泡后，沥干水分备用；茼蒿清洗干净，沥干水分，切成长段。
5. 米粉里倒入凉开水，加入盐、糖和熟猪油，搅拌均匀。
6. 将南瓜、莲藕和茼蒿分别和米粉拌匀，分装在三个笼屉中。
7. 锅内倒入水，放入笼屉，水烧开后蒸 8 分钟即可。

小叮咛

1. 炒米时要用小火，不停地翻动，这样不容易炒煳。
2. 米粉研磨时间短一点，这样磨出来的米粉颗粒大一些，更有嚼头。
3. 米粉要先用少量凉开水拌匀，否则难以蒸透。
4. 蒸蔬菜加入猪油，口感会更柔软香滑。

中国人凡事喜欢讨个好彩头，比如丸子不叫丸子，而叫"圆子"，就是为了讨个团团圆圆的彩儿。"圆子"已很完满，再加上"珍珠"二字，就更显得富有而尊贵了。因此，每遇逢年过节，荆楚人家的大小餐桌上，都少不了这道"珍珠圆子"。

一道菜品要流行，光有好听的名字还不够，好吃味美才是王道。珍珠圆子的肉馅讲究鲜肉现剁，并加入香菇和荸荠（又叫马蹄），肉圆外面再裹上一层泡发的糯米，蒸好后色泽洁白，晶莹剔透，吃一口更是软糯弹牙，鲜香爽口，令人难忘。

珍珠圆子，一道普通的家宴菜，却寄托着中国老百姓对美好生活的无限向往。

荆楚人家过节菜
珍珠圆子

- **主料：** 猪肉馅 200 克，糯米 150 克，荸荠 100 克，鲜香菇 50 克。
- **配料：** 葱 10 克，姜 5 克，盐 2 克，淀粉 3 克，杏鲍菇 15 克，生抽 10 毫升，料酒 5 毫升，香油 5 毫升。
- **做法：**

1. 糯米洗净，在凉水里浸泡 10 个小时，捞出沥干水分。
2. 鲜香菇、荸荠、葱、姜和杏鲍菇清洗干净，鲜香菇去蒂，荸荠、姜去皮，和葱分别切成碎末，杏鲍菇切成圆圈备用。
3. 猪肉馅里调入盐、生抽、料酒、淀粉和香油，朝一个方向搅拌上劲，再加入鲜香菇末、荸荠末、葱姜末，搅拌均匀。
4. 将肉馅揉成圆球状。
5. 在肉圆外面均匀裹上泡好的糯米，用手轻轻按压表面，使糯米有一部分可以压入肉馅中。
6. 将杏鲍菇圈放入笼屉，再放上珍珠圆子。杏鲍菇圈可防止圆子粘连。
7. 锅内倒入水，放入笼屉，水烧开后，大火蒸 10 分钟即可。

小叮咛

1. 将糯米换成红米或者黑米，可做成彩色珍珠圆子。糯米需用水泡透，否则难以蒸熟。
2. 用自己剁制的肉馅，口感会更好。肉馅里的鲜菇和荸荠，若换成冬笋、莲藕等，口感也很不错。
3. 在蒸圆子前，将笼屉刷上一层油，铺上菜叶，放上萝卜块等，都可以防止粘连，方便拿取。

蒸是中国菜最重要的烹饪技法之一，据说已有8000多年的历史了。蒸菜以水蒸气为传热介质，加热温度不超过100℃，从而使食物的营养可以更多地保留下来。同时，蒸菜还具有形态完整、含水量高、原汁原味、软糯鲜嫩等特点。就说这道蒜蓉蒸丝瓜吧，蒸熟后的成品造型优美，青翠欲滴，蒜香浓郁，口感软嫩，摆在家宴的餐桌上，真是一道赏心悦目，活色生香的风景啊。

蒸菜不仅以营养和造型取胜，同时也是最环保的烹饪方式之一。曾经有研究人员在家中以多种方式做菜，同时监测PM2.5的数值变化。结果发现，油炸和爆炒时，PM2.5的数值会迅速飙升8~20倍，而蒸和煮所产生的PM2.5颗粒物却并不多。前一阵，曾有北京的官员称，中国人的烹饪方式对PM2.5贡献不小，引来网友的一片吐槽之声。且不论烹饪是否影响大气环境，它对厨房小环境的影响却是显而易见的。因此，我现在常用电磁炉蒸菜，既不动燃气，又没有油烟，而且形色俱佳，美味健康。

那天晚上做了个梦，说北京又出台了新的环保政策，只要PM2.5连续3天超标，政府免费请大家吃蒸螃蟹，哈哈哈……当时我就笑醒了。

蒸出清新小环境
蒜蓉蒸丝瓜

- 主料：丝瓜 350 克，蒜蓉 130 克。
- 配料：盐 2 克，糖 3 克，鸡粉 2 克，红甜椒 20 克，香油 5 毫升。
- 做法：

1. 将大蒜去皮，先切碎再捣成蒜蓉；红甜椒清洗干净，去蒂去籽，切成末儿。
2. 将丝瓜清洗干净，去头去尾，用刀轻轻地刮掉丝瓜皮。
3. 将刮好后的丝瓜冲洗干净，切成五厘米长的小段，用小刀一端挖出丝瓜瓤，做成"丝瓜碗"。
4. 锅内倒入油，烧至五成热，倒入蒜蓉，调入盐、糖和鸡粉，煸炒出香味后盛出。
5. 将炒好的蒜蓉装入挖好的"丝瓜碗"里，再放入红甜椒末。
6. 锅内倒入水，放入丝瓜，水烧开后大火蒸 5 分后取出，浇上烧热的香油即可。

小叮咛

1. 丝瓜去皮时，要用刀轻轻刮，不要削皮，这样可以保持丝瓜翠绿的颜色。
2. 去除丝瓜瓤的时候，挖掉三分之一即可。

我和墨爸都爱吃带馅的东西。馅在面皮的里面就是北方的包子、饺子或者馅饼，馅在面皮的外面就是外国的比萨，而把馅放到某种菜的里面，就是我们今天说的"酿"。在中国的各大菜系中，以南方客家菜中的酿菜最负盛名，有"无菜不可酿"的说法。而酿豆腐就是客家三大名菜之一，是客家人宴客的头道送酒菜。

今天的这道香菇酿豆腐，以鲜香菇、莲藕和冬笋为酿料，以煎过的豆腐为主料，大火蒸制而成。豆腐外焦里嫩，馅料柔滑爽口，一口咬下去，鲜香四溢，口感爆棚。整道菜清淡少油，软嫩糯口，营养丰富，老少皆宜。

豆腐焦黄中透出嫩白，馅料更有红绿点缀其间，整齐地摆在洁白的餐盘中，颇有踏雪寻梅般的古韵古风，为家宴的餐桌平添了一份诗情画意。

踏雪寻梅酿佳肴
香菇酿豆腐

- **主料：** 豆腐 500 克，鲜香菇 70 克，莲藕 50 克，冬笋 40 克。
- **配料：** 植物油 15 毫升，香油 5 毫升，生抽 10 毫升，小葱 5 克，红甜椒 5 克，盐 2 克，糖 3 克。
- **做法：**

1. 鲜香菇、莲藕、冬笋和小葱分别清洗干净，鲜香菇去蒂，莲藕去皮，冬笋、小葱分别切成末。
2. 将冬笋和莲藕分别快速在开水里焯烫一下，捞出沥干水分。
3. 在鲜香菇末、莲藕末、冬笋末和小葱末里调入盐和生抽，搅拌均匀，腌制 10 分钟备用。
4. 锅内倒入水，放入豆腐焯烫 1 分钟，捞出沥干水分，再切成六等块，并用勺子在豆腐中间挖一个洞。
5. 平底锅内倒入油，烧至五成热，放入豆腐煎至金黄色，盛出装盘。
6. 依次将腌好的鲜香菇末酿入豆腐里。
7. 锅内倒入水，放入酿豆腐，水烧开后，大火蒸 8 分中取出。
8. 锅内倒入香油，调入糖，烧热后浇在豆腐上，撒上红甜椒末和小葱末即可。

小叮咛

1. 豆腐焯水，可以去除豆腥味，同时也可以增加韧性，不容易碎。
2. 冬笋焯水可以去除大部分草酸。

把酒当歌歌盛世,闻鸡起舞舞新春。每当家家户户开始贴春联、贴窗花的时候,春节就要到了。二十五,磨豆腐;二十六,割年肉……一过了小年,人们就开始打扫房间,置办年货,准备迎接他乡归来的游子,筹备那一年中最重要的聚餐。

在欢乐祥和的年夜饭里,有最珍贵的食材,有最精湛的厨艺,也有中国人最美好的祈愿。吃饺子送旧迎新,吃圆子团团圆圆,吃鲜鱼年年有余,当然,要是来道"蒸全鸡"就更完美了。鸡与"吉"谐音,蒸全鸡代表着吉祥年,全家福!

蒸全鸡的做法也非常简单,只需将鸡腌制入味,再上锅蒸熟就可以了。蒸好的全鸡形态完整,软烂鲜香,大人小孩都爱吃。真可谓"鸡未动,味已远;形未变,肉已酥"。记得那年和妹妹全家一起过年,我的蒸全鸡还没上桌,鼻子尖的小外甥愚仔就随着音乐扭动了起来:"药药药,切克闹……"那一刻,我突然明白"闻鸡起舞"是怎么来的了——一闻到蒸全鸡的香味,就忍不住要跳舞!

Part 2 三石做家宴

闻鸡起舞过大年
蒸全鸡

- 主料：三黄鸡 750 克。
- 配料：盐 8 克，葱 20 克，姜 20 克，料酒 20 毫升。
- 做法：

1. 葱姜清洗干净，将葱切成段，姜去皮切成片备用。

2. 将全鸡清洗干净，放入锅内，里外均匀抹上盐和料酒，葱段、姜片塞入鸡肚子里，盖上盖子腌制 12 个小时。

3. 锅内倒入水，放入腌制好的全鸡，水烧开后蒸 90 分钟，取出鸡肚子里边的葱段和姜片后即可食用。

小叮咛

1. 应选用 1.5 斤左右的鸡，鸡太大不容易入味。

2. 蒸鸡之前，应腌制 12 个小时以上，这样才能更入味。

清蒸鲈鱼细嫩鲜美,肉多刺少,除了待客受欢迎,也很适合墨宝吃。

每次喂墨宝鲈鱼时,墨爸总会把范仲淹的那首《江上渔者》诵给孩子听:"江上往来人,但爱鲈鱼美。君看一叶舟,出没风波里。"墨宝每次听完,也总会用稚嫩的声音重复一句"鲈鱼美……"对墨宝来说,"鲈鱼美"可能就是他对这首诗的全部理解了,而诗中的深意和作者的情怀,恐怕只有经历过生活艰辛的人,才能真正体会得到。

这首小诗言简意深,耐人寻味,它和范公的那句"先天下之忧而忧,后天下之乐而乐"一样,以爱国忧民的博大情怀而流传千古,并引起了无数后人的共鸣。

"那个人在天桥下,留下等待工作的电话号码,我想问他多少人打给他。"今天,我们仍能听到这样有着人文情怀的吟唱,并引发内心深处的小小触动。世道艰难,我们自己也无法超然物外。看千年之后的今天,从小贩到城管,从律师到歌星,从"程序猿"到"射鸡狮",又有谁不是风波浪里的捕鱼人呢?

风波浪里鲈鱼美
清蒸鲈鱼

- **主料**：鲈鱼 600 克。
- **配料**：盐 2 克,葱 10 克,姜 25 克,红甜椒 5 克,香菜 1 根,蒸鱼豉油 20 毫升,料酒 10 毫升,香油 5 毫升。
- **做法**：

1. 将葱白切段,姜切片;葱叶和红甜椒切成丝,放在凉水里浸泡至弯曲。
2. 在鱼身上剞一字刀。
3. 将鱼放入盆中,加入盐和料酒,涂抹均匀。切好的姜片和葱段塞入鱼的肚子里,腌制 15 分钟。
4. 锅内倒入清水,烧开后将鱼放入,大火蒸 8 分钟后关火,不打开盖子,继续焖 2 分钟后取出。
5. 锅内倒入香油,烧至六成热,加入蒸鱼豉油,烧热后淋在鱼身上,点缀姜片、香菜、葱丝、红椒丝即可。

1

2

3

4

5

小叮咛

1. 葱切丝后,泡在凉水里,可以很快变弯曲。
2. 蒸鲈鱼时间不宜过长,否则肉质会变老。

虾蟹鲜美,尽人皆知,但墨爸却不太感冒,因为剥壳太过繁琐,还弄得一手油。然而也有例外,比如酒醉海虾,墨爸对那虾中的酒香全无抵抗力,一时也就不怕麻烦了。再比如这道蒜蓉开背虾,因已开过虾背,所以特别入味,又易于剥壳,深得墨爸欢心。每见开背虾上桌,墨爸必先从冰箱取出啤酒,准备大快朵颐一番。

所谓开背虾,即用剪刀将虾的背部剪开,再将调好的酱汁淋到虾背的开口处,最后上锅蒸熟。若这酱汁以蒜蓉为主,就叫蒜蓉开背虾。蒸好的蒜蓉开背虾颜色红亮,鲜香四溢,往家宴的餐桌上一摆,真是霸气侧漏,气度非凡,尽显舍我其谁的王者风范。

那天晚上我又做了一份开背虾,墨爸照例取出啤酒,先自斟了一杯,并和我聊起了白天的见闻:"中午我看电视,节目上说吃海鲜喝啤酒等于自杀!可真把我吓坏了,先喝一杯压压惊吧。我发誓,从今天开始,以后我再也不看电视了!"

鲜美霸道有气场
蒜蓉开背虾

- **主料**：海虾 200 克。
- **配料**：大蒜 40 克,葱 5 克,姜 10 克,红椒 5 克,香菜 5 克,盐 2 克,生抽 15 毫升,料酒 5 毫升。
- **做法**：

1. 先用剪子剪掉大虾的虾须和虾枪,再从虾的背部剪开,去掉虾线。
2. 用剪子从虾背剪开深口,不要剪断。
3. 用盐、生抽、料酒、糖和切好的蒜末、葱姜末、红椒末调成蒜蓉汁儿。
4. 用勺子将蒜蓉汁儿舀出,依次放入虾背里。锅内倒入水,放入开背虾,水烧开后,蒸 5 分钟取出,撒上香菜末即可。

小叮咛

1. 务必去掉虾线,这样会更干净,口感也会更好。
2. 给虾开背时应格外小心,千万不要剪断。
3. 大虾蒸制时间不要太长,以免肉质变老。

每年到了秋末冬初的时节,墨爸都会有意无意地提醒我:"天儿凉了,咱们是不是该吃点啥了?"我知道,墨爸说的一定是胡萝卜炖羊肉。这可是我的看家菜,不但墨爸爱吃,来我家吃过的朋友,都是赞不绝口,念念不忘。在京的一位长辈,我叫姥姥,年纪大了,牙口也不好,原来从不吃羊肉的,一是嫌膻,二是嚼不动。某次家宴,老人家尝了我做的胡萝卜羊肉后,顿觉相见恨晚,从此逢人便夸我的胡萝卜炖羊肉如何鲜嫩,如何软烂,这也让我的这道拿手菜就更加"声名远扬"了。

羊肉是有名的滋补之物,可暖中祛寒,温补气血,滋肾壮阳,很适合冬季食用。而以胡萝卜炖之,不但去膻,更使其增加了一份别样的鲜美。胡萝卜中的胡萝卜素是脂溶性物质,经与羊肉炖煮,更容易被人体吸收。

如果没有客人,墨爸每次都会很快将汤中的羊肉一扫而光,谁让他是肉食动物呢。而我则更得意其中的胡萝卜块,一炖煮之后,软糯适口,油而不腻,清甜之外更多了一份羊鲜。墨爸对我的偏好从无意见,这正是他求之不得的呢。

冬季暖身滋补汤
胡萝卜炖羊肉

- 主料：羊腿肉 750 克，胡萝卜 500 克。
- 配料：植物油 30 毫升，生抽 5 毫升，老抽 10 毫升，料酒 10 毫升，白萝卜 30 克，盐 3 克，葱 10 克，姜 15 克，花椒 3 克，大料 2 克，桂皮 2 克。
- 做法：

1. 胡萝卜清洗干净，去皮后切滚刀块。
2. 羊肉切块，白萝卜切块，用筷子在白萝卜上扎几个小孔。锅内倒入凉水，放入羊肉块和白萝卜块，烧开后去除血沫，捞出羊肉块，用温水清洗干净，沥干水分，白萝卜扔掉。
3. 锅内倒入油，烧至七成热，爆香葱段、姜块、花椒、大料、桂皮，放入汆好的羊肉块，调入生抽、老抽、料酒，煸炒出香味。
4. 放入胡萝卜块。
5. 加入足量开水，中小火炖 90 分钟，起锅前 20 分钟调入盐即可。

小叮咛

羊肉去膻小窍门：在切块后的白萝卜上扎上几个洞，和羊肉一起汆水，羊肉膻味即除。煸炒羊肉的时候调入料酒，加入姜片，二者都有去除羊肉膻味的作用。

狮子头是淮扬菜系中一道历史悠久的传统名菜，传说在隋唐时期就已经十分盛行了。电视剧《神医喜来乐》中的"铁狮子头"就是以狮子头为原型的艺术创作。这道令一代名医神魂颠倒念念不忘的菜肴，贯穿全剧始终，串起了一个个寓庄于谐的感人故事。《神》剧的热播，为本已很有故事的狮子头又添一段传奇，正是"悠悠一笑传四方，不求名来名自扬"。

狮子头其实就是"大肉丸子"，但要把这看似简单的肉丸做好，却着实要下一番工夫。做狮子头的猪肉讲究三肥七瘦，肥肉切丁，瘦肉切末。肉馅入锅前，要在双手之间反复摔打，这样才会紧实有型。馅中加入荸荠，实是狮子头做法的点睛之笔，它可使做好的肉丸更多一份甜脆清爽的感觉。

清炖狮子头雪白饱满，松软鲜嫩，营养丰富，肥而不腻，可担家宴大菜硬菜的重任。

名满天下淮扬菜
清炖狮子头

- **主料：** 猪肉 300 克，荸荠 100 克。
- **配料：** 小油菜 60 克，鸡蛋 1 个，葱 5 克，姜 5 克，淀粉 3 克，盐 3 克，枸杞 2 克，料酒 5 毫升。
- **做法：**

1. 将猪肉洗净，去掉猪皮，肥瘦肉分开。瘦肉先切片，再切丝，最后切成小肉末；肥肉部分切成小丁。
2. 将肥瘦两种肉混合在一起，打入鸡蛋，分次慢慢加入清水，朝一个方向搅拌。
3. 接着加入盐、料酒、淀粉和切好的葱末、姜末、荸荠末，继续朝一个方向搅拌，直至肉馅黏稠上劲。
4. 取一份肉馅，在两个手掌之间来回摔打，使肉团在摔打的过程中逐渐变得结实有型。肉丸做好后，放在盘子里备用。
5. 锅内放入清水，加一点油，烧开后放入油菜，烫半分钟捞出。
6. 另起一锅，加入足量清水，放入做好的肉丸，烧开后，调入盐，改中小火炖 2 个小时。炖好后，放入围满油菜的汤碗中，再点缀几粒泡好的枸杞即可。

小叮咛

1. 为保证口感，最好选三肥七瘦的猪肉，切成小丁即可，不要剁成肉泥，也不建议用现成的肉馅代替。
2. 做肉丸时，双手沾上一点清水，这样不沾手，比较好操作。
3. 肉馅必须经过两手至少 100 次的来回摔打，这样肉丸才能更有型，更好看。
4. 馅里的荸荠可以用藕或笋代替，但仍以荸荠口感最佳。

大道至简，大象无形，这是古人所追求的"道"的最高境界。而对美食家来说，就是用最简单的食材，最简单的方法，做出最美味的食物。

这道丝瓜蟹味菇，味道鲜美而无需肉鱼，口感滑嫩却不施粉芡。用料极少，步骤极简，却也嫩白碧绿，清淡可口，温润养人，美馔天成，绝不输那些所谓的海味山珍。

大美天成鲜味汤
丝瓜蟹味菇

- **主料**：丝瓜 200 克，蟹味菇 100 克。
- **配料**：植物油 15 毫升，盐 2 克，大蒜 10 克。
- **做法**：

    1. 丝瓜去皮，切滚刀块；蟹味菇去根，清洗干净；大蒜轻轻拍碎。
    2. 将蟹味菇在盐开水里焯烫 1 分钟。
    3. 锅内倒入油，烧至七成热，放入拍碎的大蒜，爆香后放入丝瓜，翻炒半分钟。
    4. 加入开水，放入蟹味菇，调入盐，煮 2 分钟即可。

小叮咛

1. 丝瓜不要削皮，而是用刀轻轻刮掉外皮，这样可保持丝瓜嫩绿的颜色。
2. 将蟹味菇在开水里焯烫一下，可以去除部分草酸。

我的老家湖北，素有"千湖之省，鱼米之乡"的美誉。密集的湖泊，辽阔的水域，孕育了万千生命，也滋养着一方百姓。"九孔碧藕秋日鲜，生熟咸甜总相宜。"洁白鲜嫩，美味营养的莲藕，就是荆楚大地给予我们的最慷慨的馈赠之一。

从小吃藕长大，却从不知莲藕是如何种植和收获的，直到看了《舌尖上的中国》，有幸认识了圣武和茂荣兄弟，才知道了"职业挖藕人"和他们挖藕的艰辛。每年九月，他们都会从安徽赶到湖北等有藕的地方，深入湖水，脚踩淤泥，从日出忙到日落。虽然湖水刺骨，但他们还是希望天气寒冷一些，因为这样买藕炖汤的人才会更多，藕的价格才会更高。

今天，当我们高坐厅堂之上，尽享天下美味的时候，应该记得那些通过劳动和智慧搭起人与自然桥梁的人们。

大自然的馈赠
莲藕排骨汤

- 主料：排骨 450 克，莲藕 300 克。
- 配料：盐 3 克，葱 10 克，姜 20 克，枸杞 2 克。
- 做法：

1. 将莲藕清洗干净，切掉两头的蒂，去皮切块，浸泡在盐水中。
2. 锅内倒入凉水，放进排骨，水开后去除血沫，捞出用温水清洗干净。
3. 砂锅内倒入足够的开水，放入排骨和莲藕。
4. 接着放入葱段、姜片，烧开后转中小火炖 70 分钟，起锅前 10 分钟调入盐，最后撒入泡好的枸杞即可。

小叮咛

1. 炖汤，最好选粉莲藕，炖出来的莲藕口感沙糯。
2. 将莲藕浸泡在盐水里，可防止莲藕变黑。
3. 炖莲藕不要用铁锅，以免莲藕变黑。
4. 炖排骨过程中，水尽量一次加足，中途如果要补水的话一定补开水，避免排骨遇冷收紧，影响口感。

金秋到,栗子熟。每年的这个时候,北京密云、怀柔等北部郊区的正宗燕山板栗开始大量上市,对于像我这样的栗子控来说,这也是一个新的"栗子季"的开始。

找一个风轻日暖的午后,漫步在京城的市井街巷,随处可见有人排成或长或短的队列,不用问,那一定是在等糖炒栗子出锅呢。圆圆的大锅里,装满了混着糖稀的砂子,栗子随着黑砂不断翻滚,慢慢变成了红褐色,并裂开了可爱的小口,栗子那特有的气味也被慢慢逼出,香中带着一丝甜,随风飘来,直入心脾,让你不由自主地也站到了队尾。此时唯一感觉遗憾的,就是中午没有给自己的胃留出更多的空间。

虽说入乡随俗,我也迷上了糖炒栗子,但家乡的栗子菜也同样让我怀念。比如这道海带炖板栗,汤色清淡,味道独特,营养丰富,是秋冬季节宴客的不错选择。

栗子入菜也香甜
海带炖板栗

- **主料：** 干海带 100 克，板栗 80 克。
- **配料：** 盐 3 克，白醋 10 毫升。
- **做法：**

1. 将干海带在清水里浸泡 2 个小时，反复清洗干净后，捞出切成长条，打成海带结。
2. 锅内倒入清水，放入海带，加入白醋，煮 20 分钟。
3. 捞出煮好的海带结，用清水清洗干净，沥干水分。
4. 锅内倒入清水，加盐，倒入板栗，开锅后煮 3 分钟关火。
5. 取出板栗用小刀划一个小口，趁热剥掉板栗的外壳和栗衣。
6. 锅内倒入清水，放入海带和板栗，调入盐，开锅后，转中小火炖 25 分钟即可。

小叮咛

1. 海带快速煮烂的小窍门：煮海带时在水里加一点白醋，只需 20 分钟就可以将海带煮得软烂。
2. 快速剥栗子壳的小窍门：在煮栗子的水里加一点盐，只需几分钟就可以轻松剥掉板栗的外壳和栗衣。

客人落座之后,主菜上齐之前,每人先来一盅清淡甜润的靓汤,让味蕾暖暖身,给肠胃预预热,真是一件优雅惬意的美事。

这道广式靓汤以雪梨和瘦肉为食材,既酸甜开胃,又营养滋补,同时还有养心润肺、清燥降火的功效。充分炖煮后的汤汁,混合了肉香与果香,显得卓尔不群,别具风味,喝一口令人回味无穷。

虽是一道简单的汤品,但要"煲"出好滋味来,也需用心才行。肉先出水,去除腥污;梨入盐水,保持洁白;以隔水方式炖煮,更是体现了粤式做法的精髓。1个小时的炖煮时间,在广东人眼里可能算不上"煲",但却是美味与营养的最佳平衡点。

用心煲出开胃汤
雪梨瘦肉盅

- **主料：** 皇冠梨 250 克，猪里脊 150 克。
- **配料：** 盐 2 克，冰糖 10 克，姜 1 克，枸杞 1 克。
- **做法：**

1. 皇冠梨清洗干净，去皮去籽切成块，浸泡在盐水里；里脊肉切成薄片，姜切成薄片，枸杞用温水泡开备用。
2. 锅内倒入凉水，放入里脊肉片，烧开后去除血沫，用温水清洗干净，沥干水分。
3. 炖盅里倒入开水，放入汆好的里脊肉片、梨块、姜片、枸杞、盐和冰糖，隔水炖 1 小时即可。

① ② ③

小叮咛

1. 梨切开后浸泡在盐水里，以免颜色变黑。
2. 里脊肉需汆烫去除血污，以保持汤的清澈。

爱美是女人的天性,在养颜、减肥这类事情上,女人常能表现出超乎寻常的毅力。朋友小琪在吃的方面非常讲究,甚至有点小洁癖,什么猪肚猪腰猪大肠,从来没动过筷子,唯独对猪蹄情有独钟,来者不拒。谁让猪蹄富含胶原蛋白,是公认的美容"圣品"呢?,就算有点"猪脚味",为了美,也值得了。

　　猪蹄养颜,又以炖花生的吃法效果最佳。花生美味营养,富含维生素 B_2,也具有延缓衰老、滋润皮肤的功效。相对于酱烧等做法,炖猪蹄清淡鲜美,原汁原味,营养流失更少。选购猪蹄时,应以前蹄为首选,因为前蹄肉多骨少,口感更佳。

　　江南有一道猪蹄名菜叫"万三蹄",取"往上提"之美意。这道花生炖猪蹄则是既有"升"又有"提",用它来招待闺中密友,您就等着美丽指数提升吧。

美丽指数提一提
猪蹄炖花生

- **主料**：猪前蹄 800 克，花生 150 克。
- **配料**：植物油 25 毫升，生抽 5 毫升，老抽 10 毫升，料酒 10 毫升，盐 3 克，葱 10 克，姜 15 克。
- **做法**：

1. 将花生浸泡 1 个小时，使其变软。
2. 猪蹄剁块，葱切段，姜切块。锅内倒入凉水，放入葱段、姜块和猪蹄，烧开后去除血沫，捞出猪蹄，用温水清洗干净，沥干水分。
3. 锅内倒入油，烧至七成热，放入余好的猪蹄，加入花生，调入生抽、老抽、料酒，煸炒出香味。
4. 加入足量开水，中小火炖 100 分钟，起锅前 20 分钟调入盐即可。

① ② ③ ④

小叮咛

1. 猪蹄要选前蹄，因为前蹄的肉比较多、骨头比较少，口感上佳。前蹄在断面有明显的蹄筋，而后蹄通常只见关节。
2. 炖猪蹄过程中，水尽量一次加足，中途如果要补水的话，一定要补开水。

"闲言碎语不要讲，表一表好汉武二郎。"武松打虎的故事在中国可谓家喻户晓，广为传唱。赤手空拳，打死猛虎，自是武松豪放勇武、机敏智慧的体现，但同时也离不开那两斤熟牛肉的功劳。可见，自古以来牛肉就被认为是强筋健骨、增长气力的好东西。

牛肉虽好，但性偏温热，吃多了容易上火，因此，很多人在美味牛肉的诱惑面前总是有所顾虑。所幸的是，我们有这道充分体现了"中和之美"的经典名菜：西红柿炖牛腩。西红柿性凉解热，与牛肉刚好互补，二者一起熬炖，不仅不会上火，而且酸甜适口，鲜美无比。

有了这好吃不上火的西红柿炖牛腩，我们在家宴上就可以大快朵颐，吃个痛快了。

美味强身不上火
西红柿炖牛腩

- **主料**：牛腩 800 克，西红柿 500 克。
- **配料**：植物油 20 毫升，生抽 15 毫升，老抽 5 毫升，料酒 10 毫升，盐 3 克，糖 5 克，葱 10 克，姜 10 克，茶叶 15 克，花椒 3 克，大料 2 克，香叶 2 片。
- **做法**：

1. 在西红柿的顶部划一个十字刀，在开水里煮 1 分钟。取出西红柿，撕掉外皮，切块。
2. 锅内倒入油，烧至六成热，放入西红柿，煸炒至出汁儿。
3. 牛腩清洗干净，切块，葱切段，姜切片。锅内倒入清水，加入葱段和姜片，放入牛腩，水开后去除血沫，捞出后再用温水清洗干净，沥干水分。
4. 另起一锅，锅内倒入油，烧至七成热，放入氽好的牛腩，调入生抽、老抽和料酒，煸炒出香味。
5. 将煸炒过的牛腩放入西红柿里，翻炒均匀。
6. 加入足量的开水。
7. 放入茶叶包、糖、花椒、大料和香叶，转中小火炖 2 个小时，起锅前 20 分钟调入盐即可。

小叮咛

1. 煸炒牛腩时，不要放太多油，因为煸炒过程中牛腩本身会出一些油。炖牛腩时放入茶叶，可加快牛腩的软烂速度，调入一点糖，可以中和一下西红柿的酸味，还能提鲜。
2. 西红柿在开水里煮一会儿，能轻松去掉外皮。先将西红柿炒一下，这样汤汁会比较红，菜的颜色更好看。

鸭血粉丝汤温润鲜美,滑嫩筋道,是我最喜欢的小吃之一。大江南北,京城内外,无论走到哪里,只要遇到这美味的靓汤,我总忍不住要来上一碗。尽管吃过的鸭血粉丝汤已不计其数,但心里仍感觉有些缺憾,毕竟,没去过秦淮河,就不算吃过真正的鸭血粉丝汤。

碰巧,墨爸要去南京出差,我大喜过望,叮嘱墨爸一定要带一碗鸭血粉丝汤回来。他老人家忙完公务,还真去了夫子庙边上的小店,并给我打来了电话:"我在吃鸭血粉丝汤呢,味道还真是不一样。这汤,真鲜亮;这粉丝,真爽口;这香味,真是浓啊……那啥,你闻到了没有?"我这里正不停地咽着口水,墨爸又说:"好吃是好吃,可老板说了,这汤一放就不鲜了,还是等你有机会来了再吃吧。"一听这话,气得我差点晕倒。

既然成心馋我,那我就自己做一个,让你看看哪个更好吃。等墨爸一回来,我就去超市买来鸭血、鸭胗、鸭肝等各种食材,一番研究和操练之后,热腾腾的自制鸭血粉丝汤上桌了。墨爸尝过之后,竖起大拇指,轻轻说了一句话:"你不用去南京了。"

Part 2 三石做家宴

自制靓汤赛秦淮
鸭血粉丝汤

▶ **主料：** 鸭血 300 克，粉丝 80 克，熟鸭胗 25 克，熟鸭肝 25 克，熟鸭肠 25 克，豆腐泡 25 克，鸭汤 2000 毫升。

▶ **配料：** 盐 2 克，白胡椒粉 1 克，蒜汁 3 毫升，香菜 1 根。

▶ **做法：**

1. 熟鸭胗、鸭肝切片，熟鸭肠切段，豆腐泡切块，香菜洗净切小段。
2. 粉丝放入温水中浸泡 5 分钟。
3. 鸭血切成块，在沸水中氽烫 1 分钟，捞出沥干水分。
4. 将鸭汤放入锅内煮开。
5. 依次放入豆腐泡、粉丝、鸭血，调入盐煮 2 分钟，起锅前淋入蒜汁儿，撒入白胡椒粉。
6. 最后放上切好的熟鸭胗、熟鸭肝、熟鸭肠和香菜段，拌匀即可食用。

小叮咛

1. 鸭汤和煮熟的鸭胗、鸭肝、鸭肠等都已入味，所以最后要少放盐，以免过咸。
2. 鸭血较嫩，煮的时间不要太长。久煮的鸭血会出现大量气孔，口感变老。
3. 鸭汤可以用鸭架子熬制，经济实惠不浪费，味道也很鲜美。

芦笋是一种名贵食材,在国际上享有盛誉,被称为"蔬菜之王"。芦笋以嫩茎供食用,热量低,营养高,且质地柔嫩,鲜美可口。芦笋含有丰富的氨基酸,且比例适当,易于吸收。芦笋含硒较高,是公认的抗癌食品,一直深受营养学家和素食人士推崇。

这道上汤芦笋的特色,是先以青蛤制汤,后加入皮蛋炖煮。青蛤与皮蛋都是提鲜之物,它们共同将芦笋的鲜嫩推到了一个新的高度。食材稀特,口味新颖,高贵清雅,至鲜至嫩,上汤芦笋一出,谁与争锋?

至鲜至嫩名贵菜
上汤芦笋

- **主料**：芦笋 150 克，青蛤 100 克，皮蛋 1 个。
- **配料**：植物油 20 毫升，盐 2 克，葱 5 克，姜 10 克。
- **做法**：

1. 用刷子将青蛤在流水下反复刷洗干净，浸泡在盐水里吐沙。
2. 将皮蛋切成块，芦笋切掉老根部分，留下芦笋尖。
3. 锅内放入油，烧至七成热，放入青蛤，炒至青蛤全部开口。
4. 倒入开水，煮 2 分钟。
5. 放入芦笋。
6. 放入皮蛋，调入盐，煮 2 分钟即可。

小叮咛

1. 芦笋和青蛤煮的时间都不要过长，以保持它们鲜嫩的口感。
2. 芦笋和青蛤本身都比较鲜，所以只加一点盐就足矣。
3. 在刀上薄薄抹一层油，切皮蛋时不会粘刀。
4. 蛤蜊轻松吐沙小窍门：一是放在盐水中吐沙。二是在装蛤蜊的容器中加入几滴花生油或香油，然后用筷子搅开，使油花均匀铺在水面上，这样水与空气隔绝，蛤蜊很快就会把泥沙吐出来。还有一个更简单的小妙招，就是将买回的蛤蜊放在盆里，不加水，来回颠几下，用水冲洗，然后再颠再洗，反复两三次就行了。

"不想做汤的鸭子不是好鸭子"。以老鸭和萝卜炖汤,真是一种绝妙的搭配方式。鸭肉性寒,不会上火,口感劲道滑腻又易于消化吸收。萝卜美白如玉,脆嫩多汁,不仅好吃,还有下气消食、润肺去燥等功效。老鸭萝卜汤,其色之美,其味之鲜,只可意会,难以言表。

去超市买食材时,我问墨爸:"怎么是半片鸭?"墨爸说:"另半片做啤酒鸭或樟茶鸭去了。"看来,鸭子的吃法还真不少,不过,今天这半片鸭子,只属于我的靓汤,属于我远道而来的客人。

人生不相见,动如参与商。今夕复何夕,共此老鸭汤!

色美味鲜降火汤
老鸭萝卜汤

- **主料：** 半片鸭 900 克，萝卜 650 克。
- **配料：** 料酒 10 毫升，盐 3 克，葱 10 克，姜 10 克。
- **做法：**

1. 将鸭肉清洗干净，剁成块。
2. 萝卜清洗干净，去皮后切成滚刀块。
3. 锅内倒入清水，加入料酒，放入鸭肉，水开后去除血沫，捞出用温水清洗干净。
4. 高压锅内倒入足量的开水，放入鸭肉和萝卜，加入葱段、姜片和盐，炖 15 分钟即可。

小叮咛

鸭肉去腥小窍门：汆烫鸭肉时，在清水里加入料酒；炖煮鸭肉时再加一些姜片，这样做出来的鸭肉一点腥味也没有。

中国人素有推崇甲鱼的传统,西周时甲鱼就被认为是上乘的食疗滋补佳品,并设有专门的"鳖人",为帝王捕捉甲鱼,甲鱼文化真可谓源远流长。在中国,甲鱼和龟一起,被赋予了长寿、坚韧等象征意义,并接受了国人数千年的膜拜。

每逢节庆,合家欢聚,宴席的高潮处,上一锅鲜美诱人的甲鱼汤,方显得郑重大气,分量十足,功德圆满,福寿绵长。

Part 2 三石妈 家宴

节日家宴压轴菜
清炖甲鱼

- **主料：** 甲鱼 500 克。
- **配料：** 料酒 10 毫升，盐 3 克，葱 10 克，姜 20 克，枸杞 2 克。
- **做法：**

1. 以水池的边沿抵住甲鱼头，用剪刀在甲鱼的腹部剪出十字刀口，去除内脏，用流水冲洗干净。
2. 将甲鱼置入深盆中，倒入开水稍烫片刻。
3. 去除甲鱼身上的一层砂皮。
4. 用小刀将甲鱼的外壳剥离。
5. 用剪刀剪掉甲鱼身体上的黄油。
6. 将收拾好的甲鱼剁成块。
7. 锅内倒入凉水，加入料酒，放进甲鱼块，水开后去除血沫，捞出后再用温水清洗干净。
8. 将锅清洗干净，倒入开水，放入汆烫好的甲鱼块，加入盐、葱段和姜片，中小火炖 3 个小时，起锅前撒入泡好的枸杞即可。

小叮咛

1. 甲鱼凶猛，抓持时应远离头部，以免被咬伤。
2. 收拾甲鱼时，一定要将甲鱼身上的一层砂皮剥掉，否则会影响口感。
3. 甲鱼身体内的黄油是最腥的部分，一定要将其剪掉。
4. 甲鱼的裙边是全身最细嫩的部位，千万不要扔掉。

越是平凡的招法,越显武师的功力;越是普通的菜肴,越显厨师的手艺。这道菠菜豆腐汤,就是检验家宴主人厨艺的一块试金石。菠菜和豆腐,都是再寻常不过的食材,但经过巧手主人的精心烹制,也会变得清香扑鼻,鲜美无比,令座上的客人赞不绝口,难以忘怀。

豆腐轻灼,去除腥味;菠菜焯水,戒断涩感,再以高汤炖煮,并加入恰到好处的盐和香油,一道味美营养的菠菜豆腐汤就做好了。菠菜鲜绿,豆腐嫩白,二者搭配一起,恰似翡翠白玉,堪称家宴餐桌上的精美工艺品。

餐桌上的工艺品
菠菜豆腐汤

- **主料**：菠菜 200 克，豆腐 100 克。
- **配料**：排骨高汤 1500 毫升，香油 5 毫升，盐 2 克。
- **做法**：
  1. 将菠菜择洗干净，切成两段；豆腐切成小方块。
  2. 清水里加入盐，烧开后将菠菜放入，焯烫 1 分钟，捞出沥干水分。
  3. 将豆腐块放入沸腾的开水里快速焯烫，捞出沥干水分。
  4. 锅内倒入排骨高汤，烧开后，放入豆腐块和菠菜，调入盐，炖煮 2 分钟，起锅前淋入香油即可。

小叮咛

1. 豆腐在开水里焯烫一下，可以去除豆腥味，使口感更好。
2. 菠菜焯烫 1 分钟，不但可以去掉涩味，还可以除去 80% 以上的草酸。
3. 豆腐存放小窍门：一次吃不完的豆腐，可浸泡在盐水里（盐水要没过豆腐），并放入冰箱冷藏，这样就能保鲜一个星期。

是谁画就了白墙黛瓦?是谁绘成了雨巷人家?是谁留下了油纸伞?是谁散落了丁香花?是谁洒下了蒙蒙细雨?是谁错过了结着愁怨的姑娘?

烟雨江南何处觅,梦里水乡几度寻。这意象江南在诗人的笔墨里,在画师的丹青中,在歌唱家的音符里,也在美食家的杯盘中。这一刻,我们相逢在岁月的宁静里;这一刻,我们沉醉在诗意的芬芳中。今夜,让时间停止,让思绪南飞……

万缕情丝皆入酒,半杯涩涩半杯甜。谁家渔歌正唱晚,听得时光枕水眠。

一杯诗意寄江南
芒果酸奶杯

● **主料：** 酸奶 200 克，芒果 200 克，巧克力饼干 80 克，全麦饼干 50 克。

● **做法：**

1. 将巧克力饼干和全麦饼干分别装入保鲜袋里，用擀面杖轻轻敲成碎末。
2. 将芒果清洗干净，去皮切块，放在榨汁器里，打成泥。
3. 将全麦饼干碎装入杯子的最底层，用擀面杖用力压瓷实。
4. 倒入酸奶。
5. 再加入巧克力饼干碎。
6. 最后加入芒果泥即可。

小叮咛

饼干敲得越碎越好，装入饼干碎后，要用擀面杖压瓷实，这样倒酸奶的时候，酸奶不容易渗透到饼干碎里面，形状有层次，更好看。

每年天儿一热，墨爸就会颠巴颠儿地去超市提一袋绿豆回来，让我给他熬汤喝。这绿豆汤是有名的消暑止渴佳品，对怕热的墨爸来说，夏天是该多喝点儿。在这沙甜软烂的绿豆汤里，我喜欢再加一点红薯，不但口感更棒，色彩更佳，还能减肥健身呢。

那日闷热，我又熬了一锅绿豆红薯汤，墨爸一碗下肚，心情大好，说话又拿起了腔调："朕这几日心烦气躁，甚是不爽，怕是朝务繁忙，受了些劳累。亏得今晚这道好汤，喝下去顿时通透了许多。这绿豆甚是沙甜，再配上清香的红薯，味道真是极好的。若是仅喝一碗，怕是辜负了爱妃的美意。"

"说人话！"

"忒好喝了，再来一大碗。"

一碗清香一片凉
绿豆红薯汤

- 主料：绿豆 100 克，红薯 200 克。
- 配料：冰糖 20 克。
- 做法：
  1. 绿豆清洗干净，在清水中浸泡 3 个小时。
  2. 红薯清洗干净，去皮切块。
3. 锅内倒入清水，放入绿豆，大火烧开后转中小火，煮至绿豆八成熟。
4. 放入切好的红薯块和冰糖，继续煮 30 分钟即可。

①

②

③

④

小叮咛

1. 将绿豆浸泡数小时后再煮，会熟得更快，节约不少时间。
2. 不要将绿豆和红薯同时下锅，不然红薯会煮得太烂。

那天,妹妹又打来电话:"姐,我周末去你那儿玩会儿啊,晚上随便吃点儿,别大鱼大肉的了。我现在胖得不行,低头都看不到脚面了,出门坐车老被人当成孕妇。"

我一听这话,赶紧安慰:"别担心,你那不是胖,只是瘦得不明显。"

话虽这么说,可还得想点办法,谁让她是我妹呢?既能减肥瘦身,又不显得随便,嗯,我平时常喝的木瓜红枣炖鲜奶就不错。木瓜含有丰富的木瓜酶,能帮助润滑肌肤,尽快排出体内毒素,有利于减肥;鲜奶含有完全蛋白质,能美白肌肤;红枣富含维生素C,经常食用,美容养颜。老妹如能常年坚持食用,绝对是身材苗条,皮肤水嫩!

周末晚宴,妹妹喝了这靓丽甜品,大呼"好喝!"又听说减肥,立刻信心倍增:"太好了,我回去就天天做着喝,你看我怎么给你瘦成一道闪电!"

喝出曼妙好身材
木瓜红枣炖鲜奶

- **主料**：木瓜半个，鲜奶1盒，红枣40克。
- **配料**：冰糖20克。
- **做法**：

1. 将木瓜清洗干净，去皮去籽切成块；红枣用刷子在流水下刷洗干净，沥干水分。
2. 锅内倒入清水，烧开后，加入冰糖，煮至融化。
3. 将冰糖水倒入炖盅内，加入鲜奶、红枣和木瓜。
4. 锅内加入清水，开锅后，转中小火，隔水炖40分钟即可。

① ② ③ ④

小叮咛

1. 木瓜、红枣和鲜奶均具有美容养颜之功效，三者搭配在一起，堪称经典。
2. 木瓜隔水炖，能保持此甜品清澈纯净的口感。

生完墨宝后的大半年时间里,有两样东西我吃得最多,一个是鲫鱼汤,一个是米酒鸡蛋。两者都是通乳下奶的佳品,而米酒的清润甜美又是我从小最喜欢的味道,因此,我对这道米酒鸡蛋更是青睐有加,几乎每天都要喝上几碗。

那段时间米酒的用量很大,墨爸看我身体虚弱,就主动承担起了自制米酒的任务。有我平时的熏陶影响,加上自己的用心揣摩,墨爸很快就掌握了米酒的秘密,做起来还真是有模有样呢。每次先把糯米淘洗干净,再放到冰箱泡一夜;第二天将糯米沥干、蒸熟、打散,再加入调好的酒曲,搅拌均匀后装入无水无油的玻璃容器中,密封存放在温度合适的地方,剩下的就是等待了。

那时正值冬季,墨爸每次都会把那些玻璃的瓶瓶罐罐放在暖气片下面,那是家里温度最高的地方。每隔几个小时,心急的墨爸就忍不住跑过去看看,有没有出水?有没有浮起?有时还会把鼻子凑近盖子的边缘,闻闻有没有香味儿飘出来。如此2~3天,这一批的米酒就做好了。

除了做米酒,墨爸空闲时也会给我煮米酒。为了让米酒鸡蛋的汤色更清澄,墨爸总是一遍一遍地将浮起的沫子撇掉,同时精确地控制着时间和温度。每当墨爸把米酒鸡蛋端到我面前的时候,感觉真是甜啊。

米酒鸡蛋,就是这样简单:一枚新鲜鸡蛋,一碗自制米酒,一份对妻儿的爱意,不多不少,刚好。

情到浓时自香甜
米酒鸡蛋

- **主料**：米酒 150 克，鸡蛋 1 个。
- **做法**：

    1. 鸡蛋打开。
    2. 将米酒以 1：2 的比例兑清水后煮开。
    3. 开锅后，倒入鸡蛋，煮至鸡蛋四周蛋白凝固，蛋黄呈溏心状即可。

①

②

③

小叮咛

1. 如果不习惯溏心鸡蛋，可以适当延长时间，将鸡蛋煮至全熟。
2. 煮米酒的时间不要太长，否则米酒会变老，影响口感。

每次在电话里和朋友们商量家庭聚会的安排,墨宝都在边上听着,并默默地记在了心里。从那一刻开始,墨宝就惦记上了,每隔一会儿就要重复一遍:"哥哥姐姐来?哥哥姐姐来?"那意思是说,哥哥姐姐们什么时候来呀?快点来吧!孩子急切盼望的,是家宴餐桌上的美味佳肴,更是与小伙伴们一起嬉戏的快乐。当然,要是再有点小礼物、小惊喜什么的,那就更好了。

因此,每当有小朋友要来参加聚餐时,我都会额外费些心思,想着怎么才能不让孩子们失望。嗯,最好的办法就是做一道孩子们爱吃的美味,并能让他们参与其中,就像这西瓜果冻一样。西瓜果冻的取材和制作都非常简单,不用动油,也不用动灶,最适合孩子们做了。每次从压西瓜汁到加吉利丁液,再到装液体入模,孩子们都是争先恐后,抢着去做。等液体凝固了,一串串小葡萄、小香蕉们从模具里脱出来,孩子们更是欢呼雀跃,仿佛每个人都变成了魔术师。这时候我会问:"小朋友们棒不棒?"孩子们则憋足了劲:"棒!"

孩子们的快乐就是这样简单,只需要一个小小的舞台和一句真心的赞美。

最是孩童欢乐多
西瓜果冻

- **主料：** 西瓜1块，吉利丁片2片。
- **配料：** 糖15克，开水60毫升。
- **做法：**

　　1. 将吉利丁片掰成小片，放在开水里浸泡，用筷子顺着一个方向搅拌至溶解后，晾凉。
2. 西瓜切块，用勺子摁压并滤出西瓜汁儿。
3. 将晾凉的吉利丁液和糖倒入西瓜汁儿里，搅拌均匀。
4. 倒入果冻模具中。
5. 放入冰箱冷藏至凝固，取出即可食用。

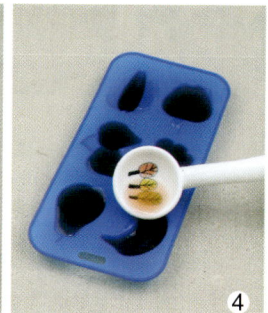

小叮咛

1. 溶解吉利丁片一定要用开水。
2. 西瓜性寒，建议一次不要吃太多。
3. 西瓜也可以换成其他水果。

我家厨房的窗台上,有一个大大的南瓜,金灿灿,沉甸甸。这南瓜我一直没舍得吃,那可是叔叔从小院里亲自摘下来送给我的,是藤架上最大最圆的南瓜呢。每天太阳转过来的时候,光线中的南瓜显得更加好看,听说这南瓜放得越久越甜呢。

　　叔叔家住一楼,那小院就在落地窗的外面,虽然面积不大,却总是那么诗意盎然,浪漫温馨。春天来的时候,篱笆外的蔷薇花姹紫嫣红,竞相开放,送来了满园的生机,一屋的芬芳。从这时开始,叔叔和阿姨就在小院里忙碌起来了,每天都要抽时间铲土、播种、施肥、浇水……辛劳和汗水换来的,是夏季的绿意葱葱和秋天的硕果累累。当南瓜和葫芦压弯藤架,丝瓜和豆角挂满竹墙的时候,叔叔和阿姨就会招呼亲朋好友、学生同事们过来,摆一桌鲜菜,煮一壶清茶,共同分享这收获的快乐。

　　叔叔和阿姨是我在北京最亲近的长辈,那小院也是我随时可以停靠的最温暖的港湾。每有喜闻乐事,我都会第一个告诉叔叔阿姨,而当遇到挫折烦恼时,我更要去那小院一吐为快。每次,叔叔阿姨总会春风化雨,拨云见日,为我重新找回那蔚蓝如洗的晴空。每次离开小院时,阿姨总要叮嘱我几句:"闺女,好好过日子,什么事都不用怕,有我和你叔叔呢。"

　　窗台上的大南瓜,金灿灿,沉甸甸,我要等叔叔阿姨来的那一天,用它和香橙炖出一道美味,与二老分享那岁月沉淀之后的醇厚与香甜。

润物无声香满园
香橙南瓜

- 主料：脐橙 2 个，南瓜 300 克。
- 配料：冰糖 20 克。
- 做法：

1. 南瓜洗净，去皮去籽，切成块。
2. 将脐橙洗净，用刀取出橙肉，切成块。
3. 锅内倒入清水，加入橙肉和冰糖，大火煮开后，转中小火煮 15 分钟。
4. 加入南瓜块，煮至南瓜软熟即可。

小叮咛

1. 建议选用甜软的南瓜，这样口感会更好一些。
2. 橙块不要切得太小。
3. 因为橙子煮熟后偏酸，所以务必加入冰糖。

我家门前有两棵树，一棵是枣树，另一棵也是枣树。

中国是枣的故乡，食枣的历史十分悠久，2500多年前的《诗经》中，就已有"八月剥枣"的记载了。枣树在中国分布极广，北到辽吉，南至两广，到处都有枣树的身影，因此，老周家门前有两棵枣树，那是再寻常不过的事了。我和墨爸虽一南一北，但小时候都有打枣、捡枣、吃枣的经历，每次聊起枣来都是津津有味，大有恨不"枣"相逢的感觉。

在中国，枣是水果，也是粮食，有"铁杆庄稼"之称。每遇天灾人祸，大枣不知救了多少黎民的性命。当然，枣也常做药用，并认为有强筋壮骨、养胃健脾、补血益气的功效。大枣滋养了华夏民族数千年，枣的文化自然也是源远流长，和枣有关的地名、成语、典故、诗词等多得真是数不胜数。

枣是百果之王，家宴的餐桌上自然也少不了它。除了凉拌和炖煮，我还常用红枣和桂圆搭配，做一道既甘润可口又滋补气血的甜品，每次都是大受欢迎。偶有来宾假装客气，我就说："都不是外人，就别推梨让枣的了。"看见有孩子吃得急，我就说："细品才有滋味，可不能囫囵吞枣哦。"

红了容颜醉了枣
红枣桂圆糖水

- 主料：金丝枣 100 克，鲜桂圆 80 克。
- 配料：红糖 20 克。
- 做法：

1. 用刷子将金丝枣在流水下刷洗干净，沥干水分。
2. 将桂圆去皮。
3. 锅内倒入清水，放入金丝枣和桂圆，大火烧开后，转小火炖 30 分钟。
4. 最后加入红糖，煮至红糖溶化即可。

小叮咛

1. 建议选用无核枣。
2. 红枣、桂圆和红糖都是养颜补血的佳品，特别适合女性食用。

又是一年荷花香。趁着回娘家省亲的机会，我和墨爸带上墨宝，又去了一趟千顷荷园。

循着一路芬芳满目葱绿，我们很快来到了观荷景区。放眼望去，尽是接天莲叶、映日荷花，让人的心情一下子明朗了许多。我们放下行囊，寻一叶扁舟，向着那荷花的深处撑杆而行，一路采莲摘荷，探幽揽胜，好不快哉。太阳渐高，人们纷纷采下硕大的荷叶戴在头上，酷热于是被挡住，荷叶下只留了舒适和清凉。适逢周末，游人不少，争渡间惊起了群群鸥鹭。

墨宝毕竟是孩子，兴趣只在荷叶间嬉戏的小鱼，还有飞落在尖尖荷角上的蜻蜓。小家伙一手牵着爸爸，一手伸长了去捉那蜻蜓，全忘了落水的危险。而此时的墨爸，正用长焦镜头捕捉着"低头弄莲子"的采莲女孩的娇羞神态。今日的莲蓬已换了更大更圆的太空新品，但采莲少女的如诗情怀却是千古未变。

趁那父子俩全神贯注、物我两忘的时候，我赶紧与荷农讨价还价，尽把那上好的莲蓬和精选的莲子装入囊中。在我看来，这是大自然恩赐的宝贝儿，只有多带些回去，才不枉来这荷花国一遭。等来日贵客到访，煮一碗清香雪白的莲子银耳汤，边吃边说今日的莲故事，那才是最美的呢。

莲清如水耳如雪
莲子银耳汤

- **主料**：莲子 100 克，银耳 20 克。
- **配料**：冰糖 20 克，枸杞 2 克。
- **做法**：

1. 将莲子倒入温水中，浸泡 3 个小时，清洗干净，捞出沥干水分。
2. 银耳泡发后，去蒂洗净，撕成小朵，沥干水分。
3. 锅内倒入清水，放入莲子和银耳，烧开后转小火炖 40 分钟。
4. 最后加入冰糖，煮至溶化即可。

①

②

③

④

小叮咛

1. 选银耳，以干燥、白色微黄、朵大体轻且有光泽者为上品。
2. 选莲子，以个大、饱满为好。
3. 煮银耳莲子汤，用无芯莲子比较好，不会苦。

"圆圆的,白白的,吃到嘴里甜甜的。你猜是啥?"

当我还是个小吃货儿的时候,总喜欢围着妈妈问:"今天咱家吃什么呀?"妈妈一般并不直接回答,而和我打哑谜,然后看我急得抓耳挠腮的样子。不过,因为家里常吃的缘故,每每听到这个谜语,我就知道要吃汤圆了。现在,就连小小的墨宝都知道这个谜语的答案了。

猜对汤圆很简单,而要猜对汤圆里面的馅,那可就难了。就说妈妈包的汤圆吧,有豆沙的、花生的、山楂的、黑芝麻的……好几十种,都非常可口。

这包汤圆的手艺到我这儿就基本失传了,因为超市里的汤圆方便、好吃又不贵。不过,这并不妨碍我对汤圆的吃法做点"微创新",比如,在里面加上我最爱吃的草莓。汤圆香甜软糯,草莓酸甜多汁,两样放在一起,真是好吃又养眼。用墨爸的话说,那是白里透着红,既像含羞的少女,又似傲雪的红梅。

那天家里来客人,我又做了一道草莓汤圆,刚煮好端出厨房,墨宝就追在我屁股后面,喊着要吃。我灵机一动,想考考小家伙:"圆圆的,白白的,还有几个红红的,吃着都是甜甜的。你猜是啥?"墨宝先是一愣,接着大声说:"是妈妈做的草莓汤圆!"

哈哈,好一个聪明的宝宝!看来真是"美食无国界,吃货有传人"啊。

软糯香甜有传人
草莓汤圆糖水

- 主料：草莓 150 克，汤圆 250 克。
- 配料：冰糖 15 克，姜 10 克。
- 做法：

  1. 将草莓清洗干净，在盐水里浸泡 10 分钟，捞出沥干水分。
  2. 姜拍破，锅内倒入凉水，放入姜块和草莓，开锅后煮 1 分钟，捞出草莓，去掉草莓蒂。
  3. 锅内倒入开水，加入冰糖，放入汤圆，煮至汤圆全部浮起。
  4. 倒入草莓，再煮 1 分钟即可。

小叮咛

1. 草莓浸泡时，先不要去蒂，以免受进一步污染。
2. 汤圆不要煮得太软。

自然淳朴、淡雅脱俗，这就是家宴餐桌上的清新甜品——蓝莓奶昔。

做奶昔自然离不开奶，而尤以酸奶风味最佳。这酸奶须自冰箱取出，现拿现做，做完即饮，如此才能保证新鲜冰爽的口感。蓝莓可多可少，颜色可浓可淡，若你手法精到，更可调出浅浅的紫蓝，那就是传说中的"丁香色"。

蓝莓酱四季有售，味道已很不错，但若赶上阳春三月，亲自到蓝莓园采些新鲜的果子回来，那就更美了。这样的蓝莓观光园在京郊就有不少，我"五一"时还去过一次呢。走进大棚，满眼都是蓝莓果，千姿百态，美不胜收。半熟的蓝莓串紫绿相映，并衬着点点浅红，样子最是娇艳动人。如果要吃，就得挑那些个大饱满、颜色深紫的果子了，摘一颗放到嘴里轻轻一咬，顿时果浆四溢，芳香扑鼻。熟果外面挂着一层白霜，园丁会提醒你不要擦掉，那可是新鲜蓝莓中最有营养价值的部分。

正是：春初一粒蓝莓果，秋来忆起涎犹滴。待到明年霜又挂，折回几枝做奶昔。

酸酸甜甜小清新
蓝莓奶昔

- 主料：酸奶1盒，蓝莓酱70克。
- 配料：蜂蜜15毫升。
- 做法：
  1. 将酸奶倒入榨汁机里。
  2. 加入蓝莓酱和蜂蜜。
  3. 将酸奶、蜂蜜和蓝莓酱搅拌均匀。
  4. 倒入杯子里即可饮用。

小叮咛

1. 建议用原味酸奶。
2. 蓝莓酱也可以用新鲜蓝莓代替。
3. 冷藏后饮用，口感会更佳。

待我长发及腰,请我吃杨枝甘露可好?

嗯,没问题,我现在就请你吧,等要等到什么时候?虽然你头发不短了,可还得有腰啊。

本想包专机带你去旺角许留山的,怕飞机超重,又想起我不是土豪,咱还是在家做吧。

做这杨枝甘露只需两样主料:芒果和柚子。芒果橙黄鲜亮,细嫩多汁,香甜清新,而柚子酸甜中微呈苦味,二者遇到一起,大有先苦后甜、苦尽甘来的感觉。芒果益胃解渴,柚子健脾消食,都是减肥瘦身的好东西。

这杨枝本是观音菩萨手中的法器,甘露则是那净瓶中的圣水,香港人以杨枝甘露命名这道甜品,真是绝妙之极。观音娘娘的杨枝甘露可以祛邪除病,起死回生,咱们就用这道沾了仙气的甜品,找回你的小蛮腰吧。

酿得甘露洒人间
杨枝甘露

- **主料：** 芒果 2 个，柚子 60 克。
- **配料：** 椰浆 30 毫升，淡奶 30 毫升，水 100 毫升，冰糖 15 克，西柚 2 克。
- **做法：**

1. 锅内倒入水，加入冰糖，用小火熬成冰糖水后晾凉。
2. 将柚子去皮，剥成小粒。
3. 芒果清洗干净，顺着果核的两侧切成两半，在果肉上划成格子刀，用手指顶住芒果中间部位，取出芒果肉。
4. 将芒果肉放入榨汁机中，加入一半的冰糖水。
5. 在打好的芒果泥里加入椰浆、淡奶、柚子粒和另一半的冰糖水，搅拌均匀后放入冰箱冷藏，吃时点缀剥好的红色西柚粒即可。

小叮咛

1. 椰浆、淡奶尽量不要用椰汁、牛奶代替，否则口感会差很多。
2. 柚子一定要剥成小粒。
3. 做好的杨枝甘露放入冰箱冷藏，口感更好。

每个人的童年记忆里,都有一些东西是和味觉相关的,对我来说,最难忘记的就属那甘洌爽口的米酒了。印象中,每到黄昏时分,就会有悠长的叫卖声由远及近地传来,推窗向外望去,会看到挑着担子的老汉时走时停,担子里是盖着厚厚棉布的大陶罐,而那罐子里装的,就是香甜诱人的米酒。妈妈每看到我眼馋的样子,就会递给我一个大大的搪瓷杯,杯子把手上还塞着几毛纸币。拿着杯子下楼时,我总是一路小跑,急不可耐,而回来时却是蹑手蹑脚,小心翼翼,生怕刚买的米酒洒落半滴。

街上买回的米酒汤色纯净,香气浓郁,可以直接喝,也可以煮着吃。若是逢年过节,一道象征喜庆团圆的米酒汤圆更是必不可少了,软糯中伴着丝丝清甜,别提多美了。

到北京后,那种沿街叫卖的米酒再也见不到了,但如果有老家的亲戚或童年的玩伴来访,我仍会用自制的米酒做一份米酒汤圆招待客人,这甜品虽算不上珍贵,却总能唤起我们童年时最深刻的味觉记忆。

难忘家乡米酒甜
桂花米酒汤圆

- **主料**：米酒 100 克，汤圆 200 克。
- **配料**：糖桂花 15 克，枸杞 2 克。
- **做法**：
   1. 将米酒以 1∶2 的比例兑清水后煮开。
   2. 开锅后，放入汤圆。
3. 煮至汤圆全部浮起。
4. 将汤圆放至温热，淋入糖桂花，放入泡好的枸杞即可食用。

小叮咛

1. 煮米酒的时间不要太长，否则米酒会变老。
2. 汤圆煮至浮起即可。

西米不是米,就像蜗牛不是牛,鲸鱼不是鱼一样。西米是加工而成的淀粉球,虽长得像米,却不是任何谷物的果实。正宗西米的原料,是从西谷椰树的木髓部提取的淀粉,而现在市售的西米,大多又混合了木薯粉等其他淀粉物质。

这样一种不寻常的米,只能用一个不寻常的词来形容,那就是Q。用Q来形容食物,不知是谁原创的,也不知是从何时开始的,但却非常生动,非常有喜感。西米的颗粒小巧玲珑,煮出来筋道弹牙,看起来晶莹剔透,真是Q得不能再Q了。

西米配上火龙果,在润滑Q弹之外,又多了一份清甜和爽口。西米有健脾润肺、滋养皮肤的功效,而火龙果也是解毒润肠、美白祛斑的佳品。有空时,多请几位Q蜜,喝上几杯Q露,你的皮肤不嫩不白不Q才怪呢。

露似珍珠肤如脂
西米火龙果

- **主料：** 西米 150 克、火龙果 1 个。
- **配料：** 白糖 20 克，枸杞 1 克。
- **做法：**

1. 西米用清水浸泡 1 个小时。
2. 火龙果对半切开，用挖球器取出果肉，切成小丁；枸杞用温水泡发。
3. 锅内倒入清水，烧开后，加入西米煮至透明状关火。
4. 用清水冲洗煮好的西米，再将其浸泡在凉水中，以免粘在一起。
5. 再烧开一锅水，放入西米、糖、火龙果丁和泡好的枸杞，一起煮开，晾凉后即可食用。

①

②

③

④

⑤

小叮咛

煮出晶莹剔透西米露的小窍门：一是水烧开后，再放入西米；二是在煮的过程中要一直搅拌，直至西米呈透明状；最后，煮好的西米要浸泡在凉水中，以免西米粘在一起。

Part 3

三石排家宴

九个典型场景
九组推荐搭配
掌握排宴兵法
应对万千变化

<big>红</big>花配绿叶,梁鸿配孟光,嫦娥配玉兔,织女配牛郎。

冷热荤素,烹炒炖蒸,六十多道家宴菜已经做得炉火纯青,滚瓜烂熟,似乎可以摆宴请客了。然而,对于家宴的主人来说,光把菜做好似乎还不够,这菜品如何搭配和编排还是个大问题呢。一菜一兵,一汤一卒,这家宴菜谱的组合就如同排兵布阵,排得好,相得益彰,排不好,几败俱伤。

今天,三石就以九个典型的家宴场景为例,给出九组推荐的搭配,权当一得之见,引玉之砖。家宴的搭配并无定式,只要掌握原理,多加实践,你就能触类旁通,举一反三,随时排出自己的"千机百变阵"。

Part 3 三石排 家宴

165

简单就是美
三口之家的家宴菜谱搭配

下午,爸爸打来电话,说晚上回家吃饭,我和妈妈可高兴了。爸爸最近越来越忙,不是加班就是出差,要不就是陪客户应酬,现在连一家三口一起吃顿饭都是很奢侈的事情了。

妈妈去菜市场买回了鲈鱼、莲藕、芥蓝、冬瓜等食材,然后就在厨房里忙活起来了。妈妈的手特别巧,能把冬瓜做成橙子味,好看又好吃,我可喜欢了。莲藕炖排骨也是妈妈的拿手菜,那藕炖出来又白又面,排骨又鲜又香,爸爸最爱吃了。还有那条鲈鱼,也是妈妈特意为我挑的,因为它蒸出来不但鲜嫩,而且刺少,特别适合小朋友吃。

妈妈的菜做好了,爸爸也到家了。爸爸进门就把我抱起来,亲了好几口,连妈妈都嫉妒了呢。一家人坐下来边吃饭边说话,感觉真好啊。真希望以后爸爸天天回家吃晚饭,吃什么菜不重要,只要一家人在一起,就是最幸福的。

⊕ **推荐搭配:**

橙汁冬瓜球(见 P043)

白灼芥蓝(见 P059)

清蒸鲈鱼(见 P107)

莲藕排骨汤(见 P117)

蓝莓奶昔(见 P155)

Part 3 三石排 家宴

老少齐欢乐
三世同堂的家宴菜谱搭配

找点空闲，找点时间，领着孩子，常回家看看。

儿女孙辈们回家，老妈最高兴了，逮着谁就说个没完，虽然听起来有些唠叨，可句句都是最贴心的关怀啊。要说最辛苦的，还是老爸，为了这一大家子的晚宴，已经在厨房里忙活半天了，别人要帮忙，他还不放心呢。

先不说买菜、收拾和烹制，单是这菜谱的搭配，就够老爸费心思的，一大家子人，众口难调啊。小孩子们吃东西挑剔，那就来个红红绿绿的五彩白肉卷吧，光看那颜色，就够吸引人的了。闺女和儿媳妇爱美，又喜欢搞个情调啥的，我看这冰糖桂花枣和芒果酸奶杯就不错。待会儿得和儿子、姑爷喝几杯，这糖醋排骨和西红柿炖牛腩就是下酒的好菜。至于老两口嘛，有香菇酿豆腐和红豆莲子南瓜盅，烂烂乎乎的，正好。最后再来个开屏武昌鱼吧，富贵吉祥，团圆喜庆！

相聚的时光总是那么短暂。帮妈妈洗了筷子刷了碗，给爸爸捶了后背揉了肩，大家也该回去了，明天上班的上班，上学的上学，又要各自忙碌了。挥手道别时，老人的眼光里分明写着不舍，嘴里不停地说："多注意身体啊，有事没事的，常回家看看！"

➕ **推荐搭配：**

梨丝心里美（见 P037）	红豆莲子南瓜盅（见 P095）
冰糖桂花枣（见 P041）	西红柿炖牛腩（见 P125）
春笋豌豆（见 P075）	丝瓜蟹味菇（见 P115）
五彩白肉卷（见 P051）	开屏武昌鱼（见 P089）
糖醋排骨（见 P063）	桂花米酒汤圆（见 P159）
香菇酿豆腐（见 P103）	芒果酸奶杯（见 P137）

甜蜜姐妹淘
闺蜜聚会的家宴菜谱搭配

如果你哪天听到谁家的房门里叽叽喳喳，说笑声中还不时传来几声尖叫，不用问，那一定是小姐妹们又聚会了。女人们到一起，总有聊不完的话题：流行的服饰，热播的剧集，今天的小见闻，当年的小暧昧……什么老公、男友、孩子，今天都留在家里，这一刻我们只享受女人之间的那份轻松、率意和放肆。

当然，女人八卦的内容也总是离不开吃。当一个吃货对另几个吃货说"我们今天吃啥啥"的时候，一种天然的默契就会像烟花一样在她们的头顶绽放，几双满含"口水"的眼睛闪闪发亮。当其中一个吃货兴奋地说"听起来就很好吃呢"时，默契达到高潮，然后大家击掌相庆，那场面的感人程度就像奥运夺冠了一样。

女为悦己者容，她们对吃的追求可不仅限于美味可口，更多的则在于健康、养颜和瘦身。

像酸甜胭脂藕、蒜蓉红苋、西芹百合等，都是养颜又养眼的清爽素菜，猪蹄炖花生更是两样美容食材的绝佳搭配。当然，餐后来杯杨枝甘露，搞一点小情调，那也是必不可少的。

⊕ 推荐搭配：

酸甜胭脂藕（见 P057）

蒜蓉红苋（见 P073）

西芹百合（见 P067）

牛柳荷兰豆（见 P069）

豉汁蒸扇贝（见 P087）

猪蹄炖花生（见 P123）

杨枝甘露（见 P157）

Part 3 三石排家宴

豪迈进行时
哥们聚餐的家宴菜谱搭配

一场酣畅淋漓的篮球赛，一个难忘的假日午后，汗也出透了，衣服也换好了，正当大家拿起背包，准备各自散去的时候，一个声音高喊到："都别走，到我家吃饭，你们嫂子把菜都准备好了！"顿时，球场一片欢腾，众目之下的那个说话人，形象也瞬间高大了起来，很有盖过姚明的意思。

回去路上的拐角处，有一个小超市，嗯，先扛上一箱啤酒再说吧。大家蜂拥上楼，还没到家门口，屋里飘出的香味就将把小伙伴们馋得口水直流了。进得门来，果然是一桌有鱼有肉的好菜，匆匆谢过嫂子，赶紧坐下来吃吧。这鲷鱼、海虾和羊肉，都是帮助恢复体力的好菜，红油猪耳鲜辣香脆，堪称下酒的极品，肉酱莴笋、剁椒蒸茄子鲜香开胃，今天恐怕米饭也要遭殃了。待会儿，再来一碗绿豆红薯汤，吃多少肉也不用担心上火了。那个谁，打球时林黛玉附体那小子，多吃点肉，明天你就成林书豪了。

对了，别光顾着吃，倒酒倒酒……酒喝干，再斟满，今夜不醉不还！

⊕ **推荐搭配：**

凉拌双花(见 P033)　　香煎鲷鱼(见 P077)

姜汁豇豆(见 P053)　　葱姜炒蟹(见 P061)

红油猪耳(见 P045)　　老鸭萝卜汤(见 P131)

酒醉海虾(见 P047)　　胡萝卜炖羊肉(见 P111)

肉酱莴笋丝(见 P083)　　绿豆红薯汤(见 P139)

剁椒蒸茄子(见 P085)

Part 3 三石排 家宴

怒放的生命
春季家宴菜谱搭配

好雨知时节,当春乃发生。随风潜入夜,润物细无声。一缕春风,一场春雨,滋润了世间万物,也唤醒了大自然沉睡的生命,于是,桃花红了,柳树绿了,韭菜发芽了,笋尖破土了。这些怒放的生命,灿烂了各自的世界,也丰富了人类的餐桌。

对人体来说,春天也是代谢加快、活力迸发的季节。大自然的慷慨馈赠,为我们补充精力,提升阳气提供了得天独厚的条件。比如韭菜,人称"壮阳草",并有"春天第一菜"的美誉,不仅味道清香,而且营养丰富,对人体十分有益。再比如菠菜,外观翠绿柔嫩,入菜鲜美可口,同时,它还具有缓解疲劳、增强活力的作用,春季防困,非它莫属。当然,如果是在南方,餐桌上更离不了那洁白如玉、鲜嫩清香、益气和胃的春笋。

应天顺时,取之自然,荤素搭配,阴阳协调,这就是春天的餐桌,这就是春季的家宴。

⊕ **推荐搭配:**

凉拌双花(见 P033)　　蒜蓉蒸丝瓜(见 P101)

糟卤鸡翅(见 P049)　　清炖狮子头(见 P113)

韭菜银芽(见 P071)　　菠菜豆腐汤(见 P135)

糖醋排骨(见 P063)　　草莓汤圆糖水(见 P153)

春笋豌豆(见 P075)　　红枣桂圆糖水(见 P149)

香煎鲷鱼(见 P077)　　西米火龙果(见 P161)

素三蒸(见 P097)

Part 3 三石排家宴

175

清凉正当时
夏季家宴菜谱搭配

仲夏苦夜短,开轩纳微凉。身处盛夏,酷热难当,心烦气躁,人们最渴望的莫过于一片清凉了。这清凉是夜晚的一阵微风,是午后的一场阵雨,也是餐桌上清淡爽口的佳肴。

恰好,夏季也是花木繁盛、果蔬众多的季节,好客的主人得以有充分的条件,搭配出一桌清凉的夏日家宴。天热食"苦",胜似进补,除了黄瓜和苦瓜,白灼一道微苦的芥蓝,也是夏日清火降燥的不错选择。西瓜又名寒瓜,能清热解暑、生津止渴,将其做成可爱的果冻,不但有了别样的冰爽,也深得小朋友的喜欢。夏季食肉多,身体易燥热,但若将五花肉水煮放凉,再卷上五色的菜蔬食用,则不但脆嫩清新,而且不腻不火,这就是五彩白肉卷。绿豆性寒,是夏季消暑止渴的佳品,餐后来一碗绿豆红薯汤,又去火又减肥,真是再好不过了。

人皆苦炎热,我爱夏日长。有朋八方来,笑语伴清凉。

⊕ **推荐搭配:**

白灼芥蓝(见 P059)　　红豆莲子南瓜盅(见 P095)

橙汁冬瓜球(见 P043)　　清蒸鲈鱼(见 P107)

姜汁豇豆(见 P053)　　丝瓜蟹味菇(见 P115)

五彩白肉卷(见 P051)　　绿豆红薯汤(见 P139)

蒜蓉红苋(见 P073)　　西瓜果冻(见 P145)

可乐鸡翅(见 P065)　　鸭血粉丝汤(见 P127)

蒜蓉开背虾(见 P109)

Part 3 三石排家宴

又到收获季
秋季家宴菜谱搭配

一年好景君须记,最是橙黄橘绿时。秋天是一年中最美的季节,枫林尽染,丹桂飘香,天高云淡,北雁南翔。秋天是收获的季节,秋天是欢聚的季节,秋天也是贴膘进补的季节。

入秋后凉意渐浓,早晚尤甚,所谓"乍暖还寒时候,最难将息。"此时,若为远道而来的朋友们准备一桌热气腾腾的家宴菜,那真是暖身又暖心啊。秋令时节,鲜藕应市,此时来一道酸甜胭脂藕,既可装点秋色,又能清心安神;百合洁白素雅,西芹碧绿清新,二者共同入菜,不但好看,还有养阴润肺、降压健脑的功效;莲子银耳汤可清热润燥,益肺养心,秋季食用,适逢其时。此外,大枣、南瓜等也是秋季养心润肺的上佳食材。菊花飘香的季节,自然少不了螃蟹入菜,把酒对月,持蟹赏菊,实为秋天的一件乐事雅事。有应时应季的一桌好菜和家宴主人的古道热肠,还怕他晚来风急?

凉风有信,秋月无边。一桌家宴,再聚来年!

⊕ 推荐搭配:

酸甜胭脂藕(见 P057)　　豉汁蒸扇贝(见 P087)

红油猪耳(见 P045)　　　葱姜炒蟹(见 P061)

冰糖桂花枣(见 P041)　　莲子银耳汤(见 P151)

西芹百合(见 P067)　　　猪蹄炖花生(见 P123)

鸡丝茭白(见 P079)　　　香橙南瓜(见 P147)

香芋土豆球(见 P093)　　杨枝甘露(见 P157)

香辣带鱼(见 P081)

Part 3 三石排家宴

吃出好火力
冬季家宴菜谱搭配

绿蚁新醅酒,红泥小火炉。晚来天欲雪,能饮一杯无?在这寂寥肃杀的时节,没有比知心朋友的到来更令人感到温暖的了。此刻,红酒已开启,米饭已飘香,再看那一桌丰盛的菜肴,更是处处体现着家宴主人的良苦用心。

牛肉和羊肉都是冬季暖身驱寒的佳品,分别配以荷兰豆和胡萝卜,好吃、滋补又不上火。板栗人称"肾之果",有养胃健脾、补肾强筋的功效,冬季炖海带食用,最为合适。俗话说"冬吃萝卜夏吃姜",这季节来道老鸭萝卜汤,不但清热健脾,还可顺气消食、除燥生津、止咳化痰。餐后来道木瓜红枣炖鲜奶,更可补虚益气、养血安神、滋润肌肤,益颜美容。

当年明月在,绿蚁换新红。无炉心亦暖,真情万古同。

推荐搭配:

芝麻西芹(见 P035)　　海带炖板栗(见 P119)

肉酱莴笋丝(见 P083)　　胡萝卜炖羊肉(见 P111)

香酥鲫鱼(见 P055)　　老鸭萝卜汤(见 P131)

酒醉海虾(见 P047)　　木瓜红枣炖鲜奶(见 P141)

牛柳荷兰豆(见 P069)　　米酒鸡蛋(见 P143)

粉丝娃娃菜(见 P091)　　蓝莓奶昔(见 P155)

香菇酿豆腐(见 P103)

Part 3 三石排家宴

吉庆团圆饭
春节家宴菜谱搭配

小孩小孩你别馋,过了腊八就是年。对中国人来说,春节意味着喜庆,意味着团圆,意味着新的开始。除夕之夜,无论相隔多远,无论工作多忙,人们都希望回到一个叫做"家"的地方,因为那里有故乡的泥土芳香,有父母的翘首期盼,当然,更会有一桌丰盛的年夜饭。

这一刻,普天同庆;这一刻,儿孙满堂。年夜饭,吃的是美味营养,但吃的更是喜庆祥和。先来一道珍珠圆子,愿一家人永远团团圆圆;再上一道开屏武昌鱼,雀屏一开,富贵自来;蒸全鸡更是必不可少,因为它象征着十全十美,吉祥如意。来一道炖甲鱼,给老爸老妈补补身体;上一道莲藕排骨汤,让姑嫂们都吃出靓丽容颜。

孩子们,别光顾着吃,快给爷爷奶奶磕头拜年……恭喜发财,红包拿来!

⊕ 推荐搭配:

蓝莓山药(见 P039)　　开屏武昌鱼(见 P089)

梨丝心里美(见 P037)　　莲藕排骨汤(见 P117)

白灼芥蓝(见 P059)　　清炖甲鱼(见 P133)

上汤芦笋(见 P129)　　西红柿炖牛腩(见 P125)

雪梨瘦肉盅(见 P121)　　芒果酸奶杯(见 P137)

珍珠圆子(见 P099)　　桂花米酒汤圆(见 P159)

蒸全鸡(见 P105)